城镇供水管网漏损控制技术应用手册

李爽　徐强　主编

中国建筑工业出版社

图书在版编目（CIP）数据

城镇供水管网漏损控制技术应用手册 / 李爽，徐强主编. —北京：中国建筑工业出版社，2022.8（2023.3重印）
ISBN 978-7-112-27709-4

Ⅰ.①城… Ⅱ.①李… ②徐… Ⅲ.①城市供水系统—管网—检漏—手册 Ⅳ.①TU991.33-62

中国版本图书馆CIP数据核字（2022）第141535号

本手册立足于我国供水行业漏损控制的实际需求，结合当前新型应用技术，辅以案例注解，梳理总结可指导供水企业在实际运行管理中有效控制管网漏损的技术与管理措施，旨在提高供水企业的漏损控制效率和管网管理水平，全面支撑我国的饮用水安全保障工作。全书共 9 章，包括概述、漏损控制评定标准及水平衡分析、管网漏损检测、压力控制、维护与更新改造、供水计量器具管理、供水管网分区计量管理、管网漏损控制信息化管理等内容，为供水企业提升漏损控制水平提供技术支撑。

本手册可供供水企业负责漏损控制的高级管理人员和技术人员、供水行业相关从业人员参考使用。

责任编辑：于莉
责任校对：姜小莲

城镇供水管网漏损控制技术应用手册
李爽　徐强　主编
*
中国建筑工业出版社出版、发行（北京海淀三里河路9号）
各地新华书店、建筑书店经销
北京科地亚盟排版公司制版
北京建筑工业印刷厂印刷
*
开本：787 毫米 ×1092 毫米　1/16　印张：9　字数：209 千字
2022 年 8 月第一版　2023 年 3 月第二次印刷
定价：**39.00**元
ISBN 978-7-112-27709-4
（39694）

前 言

供水管网漏损是全球供水行业面临的共同问题和挑战。开发和应用供水管网漏损控制技术，降低城市供水管网漏损率，可有效提高水资源利用效率，降低供水设施建设投资和运行成本。近年来，供水管网漏损控制工作越来越受到国家的重视。2015 年《水污染防治行动计划》（简称“水十条”）提出：“对使用超过 50 年和材质落后的供水管网进行更新改造，到 2017 年，全国公共供水管网漏损率控制在 12% 以内；到 2020 年，控制在 10% 以内”；2016 年住房和城乡建设部发布《城镇供水管网漏损控制及评定标准》CJJ 92—2016，以加强城镇供水管网漏损控制管理，提高管网管理水平和供水安全保障能力。因此，“水体污染控制与治理”国家科技重大专项（以下简称“水专项”）设立了若干科研课题，针对管网漏损控制技术开展深入研究工作，为供水漏损控制做出了积极贡献。

《城镇供水管网漏损控制技术应用手册》是“十三五”水专项“城镇供水系统运行管理关键技术评估与标准化”课题成果之一。本书基于水专项实施以来产生的研究成果，结合供水企业实际漏损管控经验，梳理总结可指导供水企业在实际运行管理中有效控制管网漏损的技术与管理措施，旨在提高供水企业的漏损控制效率和管网管理水平，全面支撑我国的饮用水安全保障工作。主要内容包括漏损控制的评定标准及水平衡分析、漏损检测、压力控制、维护更新、计量损失控制、分区管理、信息化管理等内容，并辅以具体应用案例，为供水企业提升漏损控制水平提供技术支撑。

本手册的编写工作得到了住房和城乡建设部水专项实施管理办公室、水专项总体专家组和饮用水主题专家组的支持和指导。在此，谨表示衷心感谢！

本手册主编单位：北京首创生态环保集团股份有限公司

本手册参编单位：中国科学院生态环境研究中心

深圳市水务（集团）有限公司

绍兴市水务产业有限公司

深圳市智能水务有限公司

水联网技术服务中心（北京）有限公司

郑州知水科技有限公司

北京富急探仪器设备有限公司

北京建筑大学

本手册由李爽、徐强主编，主要编制人员：沈建鑫、陆宇尘、王志军、丁强、赵春会、王雨夕、金俊伟、王俊岭、郭文娟、廖焕鑫、胡颖梦。

审查单位：住房和城乡建设部科技与产业化发展中心。

主要审查人：田永英、任海静、张东、顾军农、王广华、赫俊国、蒋福春、刘水。

本手册由住房和城乡建设部水专项实施管理办公室负责管理，由主编人员负责具体技术内容解释。

目 录

1 概　　述

1.1 我国供水管网漏损程度与控制现状

供水管网作为城镇供水系统的核心组成部分，是连接用户与水资源的纽带，担负着输、配水的重要任务，在保证国民经济发展和居民日常生活中起着举足轻重的作用，被誉为城市的生命线。

根据《中国城乡建设统计年鉴（2017）》，2017 年全国全年供水漏损总量高达 78.55 亿 m^3，城镇的平均产销差率高达 17.25%，水资源浪费十分严重。表 1-1 统计了我国各省供水管网漏损水量的数据。

我国不同省份供水管网漏损状况　　表1–1

省份	北京	天津	河北	山西	内蒙古	辽宁	吉林	黑龙江	上海	江苏
漏损水量（万m^3）	21459	11387	20055	8170	12544	62139	26044	29274	52056	57055
省份	浙江	安徽	福建	江西	山东	河南	湖北	湖南	广东	广西
漏损水量（万m^3）	37044	21590	31488	18152	35111	26816	43601	27784	107646	19462
省份	海南	重庆	四川	贵州	云南	西藏	陕西	甘肃	青海	宁夏
漏损水量（万m^3）	8710	16419	32022	11756	12493	2075	12885	4402	2493	2620

加强漏损控制工作已成为国内外供水企业管理的重要内容之一，不仅能缓解水资源短缺带来的巨大压力，还可以提升供水企业的经济效益，对城市的健康发展起到积极作用。近年来，我国供水管网的漏损问题日益受到关注。2015 年 4 月，国务院发布了《水污染防治行动计划》（以下简称“水十条”），提出了加强水资源保护、节约用水以及降低管网漏损率的要求，全国城镇公共供水管网漏损率在 2017 年应控制在 12% 以内，到 2020 年应进一步降低到 10% 以内。2016 年 9 月 5 日，住房和城乡建设部发布了《城镇供水管网漏损控制及评定标准》CJJ 92—2016，以进一步提升供水管网管理水平，强化供水安全保障能力，降低城镇供水管网漏损率，节约水资源。

1.2 管网漏损控制存在的问题

1.2.1 技术问题

1. 漏损检测

管网检漏是控制管网漏损最基本的方式，便于及时地发现漏损点，进行抢修，减少漏损。检漏人员的业务能力以及检漏设备的精确度影响着检漏的效果。此外，由于一般情况下管网较为庞大，对管网破损规律认识不清也会影响检漏效率。

2. 压力调控

城市的高速发展导致供水量增大，大多数供水企业将供水压力由0.2 MPa提高到0.4～0.6 MPa，这无疑增大了漏点的泄漏速率，同时还可能增大漏点发生率，甚至发生爆管，因此管网压力调控是控制漏损最有效的措施之一。在实际运行中，管网压力的时空分布较为复杂，如何有效地开展压力调控工作是一个难点。

3. 供水管网的更新与优化

随着城镇化步伐的加快，城市建筑、地铁、道路的施工对供水管网的威胁不断增大。我国城市很多供水管网建于20世纪40～60年代，供水设施陈旧，管网逐年老化，更新维护成本巨大，难以及时更新，管网漏损时有发生。

1.2.2 管理问题

管理问题涵盖多个方面，其中管网管理、营销管理、用户管理为三个主要方面。

1. 管网管理问题

主要包括：① 管材管理不到位，易发生管道腐蚀，水质难以保证等；② 管网改造计划、管网布置不合理；③ 管道施工管理不严格；④ 管道修复制度管理不严谨、效率低；⑤ 供水管网基本信息管理不到位；⑥ 管理部门人员能力不足。

2. 营销管理问题

主要包括：① 水表选型不合理、计量不合理；② 水表不符合检定周期和标准；③ 抄表人员管理不到位，业务不规范。

3. 用户管理问题

主要包括：用户违章用水、监察力度不到位等。

1.3 供水管网漏损控制总体要求与技术路线

1.3.1 总体要求

为实施规范、科学的漏损管理，推动良性的漏损控制策略，需要制定行之有效的总体技术路线。

1. 规划引领，分步实施

供水管网漏损控制是一个长期的过程，首先应进行水量平衡分析，通过诊断分析，了解和评估问题所在，制定适用于供水企业自身的、科学合理的漏损控制总体目标、阶段目标和行动计划。通过水量平衡分析，结合供水企业实际情况，明确漏损的组分及经济价值，确定最优的漏损控制目标和绩效评价体系，并设计不同阶段的合理控制措施，系统推进，分步实施，逐步实现供水管网漏损管理控制的总体目标。

2. 因地制宜，构建体系

供水管网漏损控制涉及技术支撑、管理政策、资金投入和效益的综合评价，各环节应紧密相连，建立预防性、系统性、动态性和可持续性的漏损控制管理体系，统筹管网建设和分区建设、计量器具管理、压力管理、漏控信息化系统建设等，逐步构建完善的管网漏损管控体系。

3. 落实责任，强化监督

设计漏损管理动态绩效考核体系，成立漏损管理工作组，从供水企业层面监管漏损控制行动计划的执行情况，定期开展绩效指标的动态评价和考核，积极推进多部门合作，建立激励机制，强化监督考核。

4. 长效管理，注重实效

供水管网漏损控制并非一蹴而就，供水企业应对漏损探测与修复、管网改造、计量器具更换等进行经济评估，寻求漏损控制成本与效益之间的经济平衡，综合考虑短期和长期经济水平，在此基础上加强分区计量、压力管理和营业收费管理，建立精准、高效、安全的管网漏损控制长效管理机制，建立可持续的良性漏损控制管理模式。

1.3.2 技术路线

供水管网漏损包含多方面的内容，也非均匀地分布在管网的不同区域。因此，管网漏损控制技术路线中，首先要进行漏损评估，目的是确定管网漏损中各部分构成所占的比例，并进行漏损严重性评估；在此基础上，分别针对漏失水量、计量损失水量与其他损失水量制定合理的控制措施。其中，在漏失水量控制部分，应根据漏损评估的结果，开展漏损检测工作，并进一步进行管网维护更新或压力调控。因此，从技术层面上，管网漏损控制主要包括漏损评估、漏损检测、压力调控、管网维护更新、计量损失控制与其他损失控制等内容。为了使管网漏损控制工作更加高效地开展，应辅以管理体制的改进，通过漏损责任落实、绩效考核与奖惩机制的制定等措施，提高漏损控制人员的积极性。图 1-1 为漏损控制的整体技术路线。

1. 漏损评估

漏损评估的主要方法是进行供水管网的水量平衡分析，选取合适的管网漏损评价指标对现状漏损状况进行评估，摸清现状。首先结合当地情况，收集和审查供水基础资料分析，对系统供水量、营业收费数据、压力数据、漏水维修统计数据、GIS 资料、计量器具

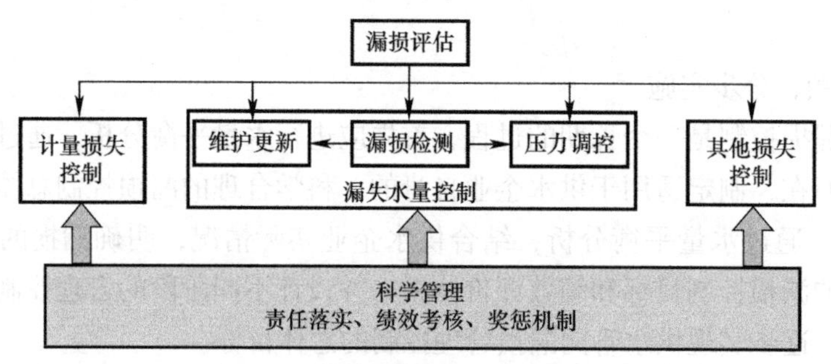

图 1-1 漏损控制整体技术路线

资产情况等信息进行收集和分析，审查数据来源、精度和准确性。当数据缺失或数据不可信时，应当进行必要的数据测试。根据收集到的供水资料，进行水量平衡分析，建立能表现供水管网现状漏损详细情况的水量平衡表，对漏损水量的各组分进行定量计算，确定漏水减少量和收益增加的潜力（详见本书第 2 章）。

2. 漏损检测

漏损检测是漏损控制最基本的措施。应有计划地开展漏损检测，应通过管网破损规律分析，确定管网漏损的高发区域，从而有针对性地开展漏损检测；同时，应根据管材、管道铺设环境等，确定适宜的漏损检测技术（详见本书第 3 章）。

3. 压力调控

由于管网破损数量以及破损点的漏水流量均与管网压力密切相关，因此，压力调控可以有效地控制管网漏失水量。尤其是对于检漏仪器难以发现的背景漏失，管网压力调控可以说是除管网更新改造外唯一有效的措施。在实施压力调控时，应根据管网的拓扑结构、管网压力分布等确定适宜的压力调控方案，建议采取分级分区的压力调控措施（详见本书第 4 章）。

4. 维护更新

管网维护是降低供水漏损、保证管网正常发挥作用的重要措施，管网更新改造则是解决漏损问题最彻底的措施。在更新前，应根据管网漏损评估结果进行管网更新管道的确定。在更新过程中，应注意采用先进的更新改造技术，同时必须保障管网水质（详见本书第 5 章）。

5. 计量损失控制

计量损失是管网漏损的重要组成部分，其中计量表具的误差控制是计量损失控制的核心，应研究表具的计量性能变化，加强计量器具的管理，减少计量损失（详见本书第 6 章）。

6. 其他损失控制

其他损失控制主要是管理因素导致的损失，供水企业应加强管理，减少非技术性损失。

由于管网通常较为复杂庞大，分区管理可以提高管网的精细化管理水平，为上述漏损控制措施的具体实施提供更精细化的载体，从而提高漏损控制效率（详见本书第 7 章）。此外，信息化管理是实现供水管网科学高效管理与优化运行的现代科学技术，供水企业应加强管网信息化管理，通过对管网运行管理中各种信息化系统的整合与升级，提高管网漏损控制效率（详见本书第 8 章）。

1.4 水专项研究的管网漏损控制技术

在“十二五”与“十三五”期间，水专项重点开展了几项漏损相关课题的研究，研究内容涉及管网漏损分析技术、管网漏损监测预警技术、管网优化运行与更新改造技术、管网压力调控技术等方面的内容。

在管网漏损分析技术方面，在引进吸收国际水协会水量平衡分析方法的基础上，根据我国供水管网特征与运行管理特点进行了修正，形成了适合我国供水行业应用的水量平衡分析方法，并进行了标准化，编入了《城镇供水管网漏损控制及评定标准》CJJ 92—2016。

同时，自“十一五”开始，我国很多供水企业开始探索管网分区计量，后通过“十二五”与“十三五”水专项课题的连续支持，逐步形成了我国管网分区计量模式，并发展出了基于分区计量的管网漏损评估、预警、压力优化技术，研究成果支撑了住房和城乡建设部《城镇供水管网分区计量管理工作指南——供水管网漏损管控体系构建（试行）》的编制。

在管网漏损探测方面，“十一五”期间，主要以引进应用国外的探漏设备为主，“十二五”期间，水专项支持的课题开始研发具有自主知识产权的管网探漏设备，并在“十三五”期间得到进一步发展，在一定程度上打破了国外设备的垄断，提高了我国管网探漏技术装备水平。

在管网更新改造方面，主要研究了管网破损风险预测方法，包括静态风险与动态风险两方面，从而为管网的更新改造方案制定提供了依据。

在管网压力控制方面，主要研发形成了管网分级分区压力优化方法，包括水厂泵站的优化调度、管网压力分区的精细控压以及二次供水压力与流量的调节三个压力控制层级。

此外，水专项课题还支持开展管网智能化管理平台的开发，将上述研究成果进行了平台化应用，在提高管网信息化管理水平的同时，也提高了漏损控制效率。

上述研究成果初步构成了管网漏损控制的技术与装备体系。在“十三五”期间，通过《城镇供水系统运行管理关键技术评估及标准化》课题，对上述已有的管网漏损技术进行了评估验证，结果表明，管网漏损控制技术总体上系统性较强、适用性较好。但部分技术在应用时短期投入成本较高，同时在不同的管网中应用技术时，注意要设置不同的参数。本手册将在后续章节对管网漏损控制技术进行详细阐述，不仅包含了常规的相对成熟的技术，也包含了水专项研究成果中相对前沿的技术，本手册将通过专栏或案例的形式，展现这些技术的应用参数或效果。

2　管网漏损控制评定标准及水平衡分析

2.1　管网漏损控制评定标准

为了加强城镇供水管网漏损控制管理，节约水资源，提高管网管理水平和供水安全保障能力，需要对城镇供水管网进行漏损分析、控制和评定，不仅应满足相关现行国家标准，建议也引入国际水协会（IWA）的漏控理念和策略，制定适应我国国情和当地情况的管网漏损指标和评价方法。

2.1.1　常用管网漏损评价指标及对比

漏损评价中最关键的一步是评价指标的选取，只有选择了适当的评价指标，才能够了解管网真实的漏损状况，进而制定合理的漏损控制方案。反之，如果指标选取不当，就会造成对漏损的误判，导致漏损控制效果变差。

笔者对目前常用的管网漏损评价指标进行了综合对比，其结果见表2-1。通过对比，建议在评价管网漏损状况时，避免单一地采用漏损率这一指标，而应同时参考其他指标的评价结果。

常用管网漏损评价指标的综合对比　　表2-1

序号	指标名称	单位	指标含义	备注
1	漏损率	%	漏损水量占供水总量的比例	直观表达漏损占供水量的比例，但受供水总量的影响较大，不能反映管网漏损的严重程度
2	管网漏失率	%	真实漏失占供水总量的比例	反映管网真实漏失水平
3	管网漏失指数（ILI）	无量纲	真实漏失与不可避免物理漏失量的比值	考虑了不同管网特征对真实漏失的影响，衡量供水企业对管网设施的管理水平。缺点是指标应用具有一定局限性，在我国缺乏数据基础，也没有考虑管材和管龄的影响
4	单位管长漏损量	L/（km·d）	单位管长的日均漏损水量	运营指标，可用于漏损管理控制目标的制定
5	单位户数漏损量	L/（户·d）	单位户数的日均漏损水量	可用于漏损管理控制目标的制定
6	单位管长漏失量	L/（km·d）	单位管长的日均真实漏失水量	以管长表征真实漏失的状况，适合描述管网健康状况，一般适用于集中供水和接户管密度较低的配水管网系统

续表

序号	指标名称	单位	指标含义	备注
7	单位连接点漏失量	L/(连接点·d)	单位连接点的日均真实漏失水量	以连接点数量表征真实漏失的状况
8	每米压力单位连接点漏失量	L/(连接点·m·d)	每米压力单位连接点的日均真实漏失水量	一般适用于单个DMA的漏损管理

2.1.2 常用漏损评价指标的计算方法

1. 漏损率

漏损率 = 漏损水量 / 供水总量

式中，漏损水量是真实漏失与表观漏损之和；供水量是系统的总供水量，即收益水量与无收益水量之和。

2. 管网漏失率

管网漏失率 = 真实漏失 / 供水总量

3. 管网漏失指数（ILI）

ILI= 当前年真实漏失（CAPL）/ 当前不可避免年真实漏失（UARL）

该值越大，管网漏失越严重。

式中当前年真实漏失（CAPL）对应水平衡表中的真实漏失；当前不可避免真实漏失（UARL）的计算方法为：UARL=$(18\times L_m+0.8\times N_c+25\times L_p)\times P$。

式中，L_m 为干管长度（km），N_c 为用户连接点数量，L_p 为用户管线总长度（km）（从物权边界到用户水表），P 为管网平均压力（m）。

4. 单位管长漏损量

单位管长漏损量［L/(km·d)］= 年漏损水量 /（管网长度 ×365）

式中漏损水量是真实漏失与表观漏损之和。

5. 单位户数漏损量

单位户数漏损量［L/(户·d)］= 年漏损水量 /（用户数 ×365）

式中漏损水量是真实漏失与表观漏损之和。

6. 单位管长漏失量

单位管长漏失量［L/(km·d)］= 年真实漏失 /（管网长度 ×365）

7. 单位连接点漏失量

单位连接点漏失量［L/(连接点·d)］= 年真实漏失 /（连接点数 ×365）

8. 每米压力单位连接点漏失量

每米压力单位连接点漏失量［L/(连接点·m·d)］= 年真实漏失 /（连接点数 × 平均压力 ×365）

2.1.3 部分指标的评定标准

1. 漏损率

根据“水十条”和《城镇供水管网漏损控制及评定标准》CJJ 92—2016，按照适度从严和努力可达的原则，2020年管网漏损率应控制在10%以内，并根据居民抄表到户水量、单位供水量管长、年平均出厂压力和最大冻土深度进行修正。

供水企业的漏损率应按下列公式计算：

$$R_{BL} = R_{WL} - R_n \tag{2-1}$$

$$R_{WL} = (Q_s - Q_a) / Q_s \times 100\% \tag{2-2}$$

式中 R_{BL}——漏损率（%）；

R_{WL}——综合漏损率（%）；

R_n——总修正值（%）；

Q_s——供水总量（万 m^3）；

Q_a——注册用户用水量（万 m^3）。

各修正值的计算方法为：

（1）居民抄表到户水量的修正值 R_1

$$R_1 = 0.08r \times 100\% \tag{2-3}$$

式中 r——居民抄表到户水量占供水量比例。

（2）单位供水量管长的修正值 R_2

$$R_2 = 0.99(\mathrm{A} - 0.0693) \times 100\% \tag{2-4}$$

$$A = \frac{L}{Q_s} \tag{2-5}$$

式中 A——单位供水量管长（km/万 m^3）；

L——$DN75$（含）以上管道长度（km）。

当 R_2 值大于3%时，应取3%；当 R_2 值小于−3%时，应取−3%。

（3）年平均出厂压力修正值 R_3

年平均出厂压力大于0.35MPa且小于或等于0.55MPa时，修正值 R_3 应为0.5%；年平均出厂压力大于0.55MPa且小于或等于0.75MPa时，修正值 R_3 应为1%；年平均出厂压力大于0.75MPa时，修正值 R_3 应为2%。

（4）最大冻土深度修正值 R_4

最大冻土深度大于1.4m时，修正值 R_4 应为1%。

总修正值应按下式计算：

$$R_n = R_1 + R_2 + R_3 + R_4 \tag{2-6}$$

式中 R_1——居民抄表到户水量的修正值（%）；

R_2——单位供水量管长的修正值（%）；

R_3——年平均出厂压力的修正值（%）；

R_4——最大冻土深度的修正值（%）。

全国或区域的漏损率应按下式计算：

$$\overline{R_{BL}} = \sum_{i=1}^{n} R_{BLi} \cdot Q_{si} \Big/ \sum_{i=1}^{n} Q_{si} \tag{2-7}$$

式中 $\overline{R_{\mathrm{BL}}}$——全国或区域的漏损率（%）；

$R_{\mathrm{BL}i}$——全国或区域范围内第 i 个供水企业的漏损率（%）；

$Q_{\mathrm{s}i}$——全国或区域范围内第 i 个供水企业的供水总量（万 m^3）；

n——全国或区域范围内供水企业的数量（个）。

2. 真实漏失评价矩阵（表 2-2）

与漏损率等传统绩效指标相比，管网漏失指数（ILI）能够更好地衡量供水管网的运行状况，见表 2-2。

供水系统ILI和真实漏失对照矩阵　　表2-2

分类		ILI	平均压力条件下				
			10m	20m	30m	40m	50m
发达国家	A	1～2	—	<50	<75	<100	<125
	B	2～4	—	50～100	75～150	100～200	125～250
	C	4～8	—	100～200	150～300	200～400	250～500
	D	>8	—	>200	>300	>400	>500
发展中国家	A	1～4	<50	<100	<150	<200	<250
	B	4～8	50～100	100～200	150～300	200～400	250～500
	C	8～16	100～200	200～400	300～600	400～800	500～1000
	D	>16	>200	>400	>600	>800	>1000

注：1. 类别A：优秀。除非水资源特别紧缺，否则进一步降低漏损可能不经济；需要审慎分析，从而达到成本效益最优；

2. 类别B：具备明显改善的潜力。通过有效压力管理、积极漏损控制和维修可以明显得到改善；

3. 类别C：中。只有在区域水资源充沛、价格低廉的情况下才能被接受，即便如此，也要努力降低无收益水量；

4. 类别D：差。供水企业浪费水资源现象严重，采取措施降低无收益水量势在必行。

基于 ILI 绩效指标，世界银行组织制定了漏损控制优先顺序的技术绩效分类（A～D 类）。如发展中国家，ILI 大于 8 且小于或等于 16，则分类为 C 类，即漏损控制等级为中等优先度，说明只有在水资源丰富且价格低廉的前提下方可容忍目前的漏损程度；即便如此，也需分析漏损的大小和成因，并且提出控制措施。

2.2 水量平衡分析

2.2.1 适用范围

水平衡分析技术是指通过将供水系统损失的水量进行有效分解，量化漏损的组成部分，全面正确地反映管网漏损状况，有针对性地进行漏损控制。

水量平衡分析适用于原水输水系统、配水系统或者独立的供水区域（例如 DMA、PMA 等）。通常情况下，水量平衡分析一般指整个配水系统层面计算和分析，以水厂出厂计量为系统的起点，以用户用水的计量为终点。

1. 国际水协会推荐的标准水量平衡表

国际水协会早在21世纪初，就对各国的供水系统的水量平衡，包括供水水源、不同用户用水情况、管网水量漏失情况进行了具体考察，并发布了一个相对完整、具有较高实用性的水量平衡定义和分类，见表2-3。

国际水协会水量平衡表　　表2-3

<table>
<tr><td rowspan="9">系统供水量</td><td rowspan="4">合法用水量</td><td rowspan="2">收费合法用水量</td><td>收费计量用水量</td><td rowspan="2">收益水量</td></tr>
<tr><td>收费未计量用水量</td></tr>
<tr><td rowspan="2">未收费合法用水量</td><td>未收费已计量用水量</td><td rowspan="7">无收益水量</td></tr>
<tr><td>未收费未计量用水量</td></tr>
<tr><td rowspan="5">漏损水量</td><td rowspan="2">表观漏损</td><td>非法用水量</td></tr>
<tr><td>因用户计量误差和数据处理错误造成的损失水量</td></tr>
<tr><td rowspan="3">真实漏失</td><td>输配水干管漏失水量</td></tr>
<tr><td>蓄水池漏失和溢流水量</td></tr>
<tr><td>用户支管至计量表具之间漏失水量</td></tr>
</table>

该水量平衡表从左至右逐级对供水系统的各部分水量进行了分解，并对漏损水量进行了分类。各项含义如下：

（1）系统供水量：全年流入供水系统的水量。在城市管网供水系统中，系统供水量的来源一般为水厂自产水和外购水。具体可通过水厂进、出水口安装流量计获得。

（2）合法用水量：包括收费合法用水量和未收费合法用水量。收费合法用水量分为收费计量用水量和收费未计量用水量。未收费合法用水量一般包括水厂自用水量、喷泉、景观等公共设施用水量；冲洗、维修管道用水；储水池、新增管道储水；消防用水；绿化和浇洒道路用水。

（3）漏损水量：系统供水量和合法用水量之间的差值，包括表观漏损和真实漏失。

（4）表观漏损：包括非法用水量以及因用户计量误差和数据处理错误造成的损失水量。

（5）真实漏失：也被称为“物理漏失”，包括输配水干管漏失水量、蓄水池漏失和溢流水量、用户支管至计量表具之间的漏失水量。

（6）无收益水量：系统供水量减去收益水量。在供水区域内各类用户实际使用的水量，包括未收费合法用水量和漏损水量。

国际水协会推荐的标准水量平衡表能够全面深入地反映供水系统水量分配的全貌，并可以定性和定量地分析漏损水平，在世界上许多城市已经进行长期应用并得到了有效验证，但在国内应用的效果并不理想，主要存在以下问题：

第一，对水平衡分析的重视程度和管理力度不够，或者准备阶段时间不充足。多数供水企业没有水平衡分析专职人员，因此难以为水平衡分析提供足够准确的数据，降低了结果的可靠性。

第二，样本数据的缺失。影响无收益水量的组分大都无法实现准确计量，错误的经验估算会造成分析结果的严重失准，因此各类估算水量的统计方法必须要客观且经过足够数量样本的验证。例如计算表观漏损、真实漏损（明漏、暗漏和背景漏失）时，虽然该计算方法适用于大多数城市，但因不同城市供水和用水的差异性，应根据地区特点进行样本测定和校核，建议供水企业加强计量设备的抽样检定、分区计量漏失水量与管网长度和压力以及配件数量等相关统计分析工作。

第三，一些指标难以收集或者验证。例如不可避免年真实漏失（UARL）的估算，需要用到 L_m（干管长度）、N_c（用户连接点数量）、L_p（用户管线总长度）、P（管网平均压力）四个指标。其中 N_c 和 L_p 应结合用户的管道连接方式、是否抄表到户等情况进行详细统计，这在国内大多数城市管网 GIS（地理信息）资料缺失的情况下是较难准确统计的。

这些问题的组合在国内供水系统中很常见，为水平衡分析结果带来了较大且难以控制的不确定性。

2. 我国漏损控制行业标准中的水量平衡表

考虑到我国供水企业的管理体制和现状，从便于供水企业使用的角度出发，我国对国际水协会推荐的水量平衡表进行了适当的简化修正，使其具有更强的实用性和可操作性。简化修正后的水量平衡表见表 2-4。

漏损控制评定标准中的水量平衡表　　表2–4

<table>
<tr><td rowspan="7">自产供水量</td><td rowspan="11">供水总量</td><td rowspan="4">注册用户用水量</td><td rowspan="2">计费用水量</td><td>计费计量用水量</td></tr>
<tr><td>计费未计量用水量</td></tr>
<tr><td rowspan="2">免费用水量</td><td>免费计量用水量</td></tr>
<tr><td>免费未计量用水量</td></tr>
<tr><td rowspan="7">漏损水量</td><td rowspan="4">漏失水量</td><td>明漏水量</td></tr>
<tr><td>暗漏水量</td></tr>
<tr><td>背景漏失水量</td></tr>
<tr><td rowspan="4">外购供水量</td><td>水箱、水池的渗漏和溢流水量</td></tr>
<tr><td rowspan="2">计量损失水量</td><td>居民用户总分表差损失水量</td></tr>
<tr><td>非居民用户表具误差损失水量</td></tr>
<tr><td>其他损失水量</td><td>未注册用户用水和用户拒查等管理因素导致的损失水量</td></tr>
</table>

修正内容有以下三个方面：

（1）重新定义了漏失水量的构成要素，由“漏失水量”取代“真实漏失”，漏失水量包括不同形式的漏点造成的水量损失。根据国内供水企业统计漏失水量的实际情况，漏失水量包括明漏水量、暗漏水量、背景漏失水量以及水箱、水池的渗漏和溢流水量。

（2）摒弃了容易引起误解的“表观漏损”概念。国际水协会提出表观漏损包括水表计量不准确、数据处理错误、账面错误和管理因素造成的水量损失。根据我国供水企业管理实际情况，用计量损失水量和其他损失水量代替表观漏损水量，计量损失水量即由计量水表性能限制或计量方式改变导致计量误差而引起的损失水量；其他损失水量即未注册用户用水和窃水、用户拒查等管理因素导致的损失水量。

（3）简化并明确了计量损失水量的组成，包括居民用户总分表差损失水量和非居民用户表具误差损失水量。

应用时，具体计算方法如下：

（1）供水总量：进入供水管网的全部水量，即通过计量仪表计量进入配水管网的水量，可据计量数据计算。

（2）注册用水量：登记注册用户消费水量。

（3）计费用水量：通过营销水表数据可统计分析计费水量。

（4）免费用水量：通常是当地政府规定减免收费的注册用户的用水量和供水企业用于管网维护等自用水量，一般未计量部分可通过用水情况估算得出。

（5）漏损水量：供水总量与注册用水量之差，即管网漏失水量、计量损失水量及其他损失水量之和。

（6）漏失水量：漏失水量包括明漏水量、暗漏水量、背景漏失水量以及水箱、水池的渗漏和溢流水量。

（7）计量损失水量：通过大口径水表的串联实验，求得非居民用户表误差率估算大口径水表的水量损失；利用居民用户总分表差率，结合居民用水量求得居民用户总分表差损失水量。

（8）其他损失水量：很难准确估算，可以根据漏损水量减去漏失水量和计量损失水量之后剩余水量即为其他损失水量。

2.2.2　技术要点

1. 确定分析期

水量平衡分析应首先确定分析期，并保证该分析期具备一定的时间跨度。推荐用一个完整年作为水量平衡表的分析期，因为它包括了季节性变动。考虑获取和分析数据所需时间，在后期实施阶段对漏损控制效果进行跟踪监测时，按季度进行无收益水量计算和报告也是合理的。

2. 资料收集和管理流程标准化

制定水量平衡表最大的挑战之一是从供水企业的各个环节收集数据。收集的数据包括生产数据、压力数据、管网数据、检漏维修数据、用户计量和计费数据，冲洗、消防等合法用水数据，非法用水稽查情况，水费数据（水费和生产成本）及与基础设施相关的大量数据。在此过程中，应明确年度数据收集标准清单、数据流以及各种数据对应的部门和联系人，建立数据收集和管理流程标准化。

3. 数据来源和精度的核实

确定数据的来源可靠，保证数据精度。水量平衡表的制定所需数据涉及从供水到管网再到用户计量全流程的数据，需要对供水企业各个部门的数据进行全面收集和审查。其中任一环节的数据出现偏差，都将影响整个评估结果。在这个过程中需确保数据的质量：谁提供数据？数据以什么样的格式和可信度提供？如果在此过程中发现了新的数据源，则需确保记录新的数据流，以便该数据可以用于下一时期的水审计。

4. 数据同步处理

在数据处理过程中应该考虑时间滞后问题，尤其是用户抄表水量，需采取数学方法进行数据同步处理，保证水量平衡表中采用的所有水量数据的计量周期（或估量周期）和审计周期一致。一般来说，生产水量数据可以精确到每天（甚至更短的时间），因此根据计量数据的时间来进行数据同步计算将会更加容易。

5. 现场测试

在数据处理的过程中，对于一些资料不全而导致数据缺失的情况，需进行现场测试，以保证数据的完整度和可信度。例如，管网压力数据缺失时，需要进行主要控制点的压力现场测试；对不同口径、不同型号的水表进行现场检定，为计量误差提供可靠依据；对明漏的流量进行现场测流，以提供真实可靠的明漏漏量数据等。

6. 自下而上的校验

水量平衡表通过“自上而下”制定，可以作为供水企业进行水量平衡的开始，提供了良好的初步评估漏损状况和对可用供水数据质量的洞察力，但是其精确可靠程度需要进一步核实，这就要以“自下而上”的方法来校验。通过“自上而下”的评估和“自下而上”的校验，可以更好地验证并提高水量平衡表的准确性。目前“自下而上”校验的方法有以下两种：

（1）真实漏失组分分析法

即将真实漏失按照发生的位置分为输配水干管漏失水量、供水企业的清水池渗漏和溢流水量、用户支管至计量表具之间漏失水量，或根据漏损类型分为明漏、暗漏和背景漏失。对各组分进行估算和量化所需要数据包括：按照材质和管径以及寿命等确定的管长、系统水压、报告和发现的爆管和泄漏次数以及维修时长等有关数据。

（2）最小夜间流量法

这种方法是通过最小夜间流量的监控，得出统计意义上的真实漏失。该方法适用于DMA，即将整个供水系统划分成若干个独立计量的系统，单独计算出每个DMA的真实漏失。

2.2.3 关键步骤

1. 准备工作

在水量平衡分析开始前，首先需要明确以下关键事项：

（1）确定一个分析期

一般建议以年度划分，每年进行一次水量平衡分析。

（2）确定分析范围

实施分区管理的供水企业，宜同时对整体和各分区开展水量平衡分析。

（3）选择一个正式的度量单位

在整个水量平衡计算过程中需使用统一的单位。可以在每一个测量设备上注释使用的单位。在从设备上读数时，同样需注释使用的转换系数。

2.“自上而下”建立水量平衡表

（1）确定系统供水量

确定系统供给（或售出）水量：

1）从水厂向管网中供给的水量；

2）从临近管网引入的水量；

3）从多个供水企业购买的水量；

4）向分析范围以外区域输出的水量。

确定水表的精度：

1）根据厂家使用手册来确定水表精度（如 ±2%）；

2）用下游的总表或插入式流量计核实水表的读数；

3）如果需要，就更换或重新校验水表；

4）纠正系统供水量；

5）采用 95% 置信度。

如果存在没有计量的水量，每年需要采用下面某一种方法（或综合考虑）来估计水量：

1）采用临时的便携式流量测量设备；

2）清水池跌落实验；

3）对水泵曲线、压力和水泵平均运行时间的分析。

（2）确定合法用水量

1）收费计量用水量

① 从供水企业营业收费系统中将不同用水类型的水量数据（如生活、商业、工业）筛选出来；

② 分析数据，需重视特大用户。在对营业收费系统中的收费计量用水量数据进行处理时，要考虑到数据的时间延迟问题；

③ 确保收费计量用水量的时间和审计时间保持同步；

④ 根据厂家使用手册，确定水表精度（如 ±2%）；

⑤ 采用 95% 的置信度。

2）收费未计量用水量

① 从供水企业的营业收费系统对数据进行处理、筛选；

② 在未计量用水点安装插入式流量仪表，或者选取足够多的居民用户进行测试（后者可以避免用户用水习惯改变的问题），通过一段时间的监测数据，确定未计量生活用水量。

3）未收费计量用水量

未收费计量用水量与确定收费计量用水量方法相似。

4）未收费未计量用水量

未收费未计量用水量，一般包括供水企业生产运行水量，这部分水量经常被严重高估，应该确定未收费未计量用水量的构成元素，并逐个进行估计，例如：

① 管线冲洗：一个月多少次？管道多长？多少水量？

② 消防用水：有没有大的火灾？用了多少水量？

（3）估计表观漏损

1）非法用水量

提供一些通用的方法来估计非法用水量是很困难的。因为不同城市供水情况不尽相同，所以需要根据当地实际情况来估计这些元素。非法用水量包括：

① 非法连接；

② 非法利用消火栓和消火系统；

③ 毁坏用户水表（或加装旁通管）；

④ 对水表读数的行贿事件；

⑤ 打开通往外部管网的边界联络阀（未知的向外输出水量）。

估计非法用水量通常是个难题，需清晰描述这些元素的计算过程，以便更容易校核（或修正）这部分水量。

2）因用户计量误差和数据处理错误造成的损失水量

必须随机选取有代表性的水表进行测试，确定用户水表的误差程度，也就是少计量或者多计量的水量。测试样表应能反映居民用户水表的各种品牌和使用年限。水表测试可以由供水企业自己的测试队伍实施，也可以外包给专业公司实施。用水大户的水表通常在现场用测试设备测试。可根据进度测试结果，对不同用户组确定平均计量误差值（计量精度，即计量用水量的百分比）。

数据处理错误有时在表观漏损估算值中占很大比例。很多营业收费系统不能达到供水企业的期望值，但是，问题常常在很多年未被发现。通过输出收费数据（一般是最近24个月），并利用标准数据库软件进行分析，发现数据处理错误及计费系统中可能存在的问题。

发现的问题必须进行量化，并对这些元素作出最佳的年用水量估计。

（4）计算真实漏失

真实漏失最简单的计算法表述如下：

真实漏失 = 无收益水（NRW）—表观漏损—未收费合法用水量

为了使真实漏失达到期望值，这个数字对初步分析很有用。然而，应注意水量平衡是有误差的，即真实漏失的计算值可能是错误的。

3.“自下而上”校核水量平衡表

为了校核“自上而下”制定的水量平衡表，并对真实漏失的组分进行精确量化，唯一可能的就是对这些组分进行详细分析。真实漏失主要分为以下三类：输配水干管漏失、清水池或蓄水池的渗漏和溢流、用户支管至用户水表之间的漏失。

（1）输配水干管漏失水量

首先，管网爆管（尤其是输水干管）是大事件，它们可见、可报告，并且一般可以快速修复。通过修漏数据，可以计算出报告周期内（往往是12个月）干管修漏次数，估计出平均流量。每年干管漏失量计算如下：

干管漏失水量 = 爆管次数 × 平均流量 × 平均漏损时间

（2）清水池或蓄水池的渗漏和溢流水量

清水池或蓄水池的渗漏和溢流往往已知，并且可以量化。能够观察到溢流现象，并且可以估计平均时间和流速。通过关闭厂区内部和出厂阀门，可以进行跌落试验，从而计算出清水池的漏失值。

（3）用户支管至计量表具之间漏失水量

将真实漏失减去干管漏失和清水池或蓄水池的渗漏和溢流水量，可以估计得到用户支管至计量表具之间的漏失水量。这部分漏失不仅包括了已知并修复的用户支管漏失，也包括用户支管上的未知漏失和背景漏失。

（4）潜在漏失水量

潜在漏失水量是指在目前的漏损控制策略下未被检测到及未被维修的漏失水量：

潜在漏失水量 = 水量平衡表中的真实漏失水量 − 已知的真实漏失水量

如果通过公式计算出来的潜在漏失水量是负值，则要复核真实漏失组分分析所做的假定（如漏失持续时间值），并在必要时予以修正。如果复查后结果仍为负值，则表明水量平衡计算中使用的数据有误。例如供水企业管理人员可能低估了系统供给水量或高估了表观漏损水量，这时应检查水量平衡表中的所有组分。

2.2.4 应用案例

下面以我国南方 X 市的供水配水管网系统为研究区域，展示水量平衡分析的计算流程。

1. 准备工作

X 市日供水能力为 15 万 m^3，管网主干线约为 100km，供水区域约 $40km^2$。选取 2018 年 8 月 1 日至 2019 年 7 月 31 日作为水量平衡分析的研究期。根据水量平衡分析关键步骤，逐步完善水量平衡表。

2. “自上而下”建立水量平衡表

（1）确定系统供水量

X 市有两座净水厂，规模分别为 10 万 m^3/d 和 5 万 m^3/d。分析范围内没有外购或外输水量。水厂出厂流量计的基本信息见表 2-5。

水厂出厂流量计装置　　表2-5

水厂编号	水厂Ⅰ	水厂Ⅱ
测量装置类型	电磁流量计	电磁流量计
设备编号	0000278	000396
流量单位	m^3/h	m^3/h
安装日期	2012年	2014年

续表

水厂编号	水厂Ⅰ	水厂Ⅱ
管道尺寸	*DN*800	*DN*1200
出厂流量计测试频率	每年	每年
最后校准的日期	2017年12月	2017年12月

出厂流量计的准确度是影响水量平衡分析结果的重要因素，因此必须保证出厂流量计在最近一段时间内经过测试，并将测量结果与适用的标准加以比较。X市两个净水厂出厂流量计经过测量均符合电磁流量计的计量精度要求，记录的系统供水量根据流量计精度进行调整，见表2-6。

确定的系统供水量（因流量计误差而调整） 表2-6

水源	系统供水量的计量值（m^3）	流量计精确度（%）	流量计误差（m^3）	校正后的系统供水量（m^3）
水厂Ⅰ	30375412	98	+619906	30995318
水厂Ⅱ	15933822	103	−464092	15469730
基于流量计精度校正后的系统供水量（m^3）				46465048

（2）确定合法用水量

1）收费计量用水量

从营业收费系统中导出注册用户抄收水量的原始数据，将不同用水类型的水量数据筛选出来，然后进行分析研究。X市供水营业数据中收费计量用水量见表2-7。

收费计量用水量 表2-7

水量分类	用水性质	售水量计量值（m^3）	说明
收费计量水量 Q_{BM}=37158850m^3	生活用水	23635974	普通客户，抄表水量
	生产用水	12684682	
	特种行业用水	1582413	
	绿化用水	758829	绿化水表
	施工用水	694868	施工临时水表

注：售水量计量值由原始基础数据处理，例如重复用户、负值用水量核实，并结合研究期进行数据同步处理。

2）收费未计量水量

X市自来水公司稽查科负责打击偷盗水，研究期内共查处消火栓偷水5处、私接管线2处，违章用水罚款水量按6个月核算（与用户协商后确定水量），共计120065m^3。

另外，城乡接合部的500户平房用户属于待改造区域，没有安装水表，按照每户每月10m^3用水量进行估计收费，可以计算出这部分水量约为60000m^3，见表2-8。

收费未计量水量　　表2-8

水量分类	用水性质	水量（m^3）	说明
收费未计量水量 Q_{BU}=180065m^3	违章稽查用水	120065	稽查记录
	无表户用水	60000	—

3）未收费计量水量

未收费计量水量主要是供水企业净水厂和办公楼用水，均已安装水表，还包括低收入家庭“五保户”的减免水费的水量，见表2-9。从营收系统中导出相应数据并进行数据处理。

未收费计量水量　　表2-9

水量分类	用水性质	售水量计量值（m^3）	说明
未收费计量水量 Q_{UM}=20101m^3	自用水	17164	普通客户，抄表水量
	政策减免用户用水	2937	

4）未收费未计量水量

X市的未收费未计量水量主要包括消防用水、二次供水水箱冲洗水量、新建管线和维修管线冲洗水量和蓄水量、无表户用水超出估计的水量等，见表2-10。

未收费未计量水量　　表2-10

水量分类	用水性质	水量（m^3）	说明
未收费未计量水量 Q_{UU}=189275m^3	消防水量	120240①	根据火灾次数估算
	二次供水水箱冲洗水量	9800②	根据冲洗次数估算
	新建管线和维修管线冲洗水量和蓄水量	45000	根据新建和维修管线记录估算
	无表户用水超出估计的水量	14235③	根据用水定额估算

① 据统计，研究期内X市共发生167起火灾，每次灭火用水时间按2h，用水流量按100L/s计算；

② X市供水企业管辖的二次供水水箱共49座，每年冲洗两次，单个水箱按100m^3计算；

③ 无表户约500户，按照每人每天的用水量定为130L（考虑到没有装表会造成用水量的浪费，对用水定额乘以调整系数2），每户约3人。

（3）估计表观漏损

1）非法用水量

X市计划对四个中型小区进行管网改造，供水企业稽查办借此对这四个小区的非法用水情况进行全面摸查，查处的非法用水量占这四个小区总水量的比例约为0.86%，据此估算全市还没查处的非法用水量约为280151m^3。

2）因用户计量误差和数据处理错误造成的损失水量

X市有548821户，有表户的水表均为B级水表，该水表的始动流量为10L/h，在该流量以下水表叶轮不转动。经走访发现许多居民家用水器都存在着滴水漏损水量现象。从而推算出因为水表始动流量造成的误差水量约为800000m³。

另外，根据供水企业水表抽样送检发现，用户水表的平均精度误差为1.8%，根据营业收费系统统计的所有计量水量为38178951m³（收费计量水量和未收费计量水量之和），则水表计量精度造成的误差水量为699818m³。

根据实验统计结果，由人为因素造成的误差发生概率为0.19%，则由人为数据处理错误造成的误差水量为72678m³，见表2-11。

表观漏损　　表2-11

水量分类	用水性质	水量（m³）	说明
表观漏损 Q_{AL}=189275m³	非法用水量	280151	根据试点经验估算
	因用户计量误差和数据处理错误造成的损失水量	1572505	根据水表检定结果和试点经验估算

（4）计算真实漏失水量

真实漏失水量为无收益水量扣除未收费合法用水量和表观漏损水量。X市的真实漏失为7064101m³。

3.“自下而上”校验水量平衡表

针对X市供水管网实际情况，采用真实漏失组分分析进行计算验证。

（1）明漏

明漏按管径不同估算可能的漏水时间，*DN*15～*DN*50的管道一旦发现有漏点就按持续6个月计算；*DN*75～*DN*250则按1个月计算；大于*DN*300的管道均按2h计算。X市供水管网平均压力为0.31MPa。

根据X市供水企业提供的修漏数据，并参考全国修漏量统计结果，研究期内X市明漏数量约为658处，依据国际水协会推荐的计算公式（见表2-12），并依据实际的测试结果对参数进行调整，可以估算得到研究期内供水管网明漏水量约为2045420m³。

国际水协会推荐的明漏漏失水量计算公式　　表2-12

破管位置	明漏漏失水量［L/（h·m）］	折合为X市供水管网明漏漏失水量（m³/h）
主干管	240	7.11
用户支管	32	0.992

（2）暗漏

根据X市供水企业测漏组研究期内的检漏结果发现，共检测到的漏水点有171处，其中*DN*100以下漏水点130处、*DN*100以上漏水点41处。

对于已经检测到的漏水点漏水持续时间按照检漏周期的一半（6m）来估算（计算公式见表2-13），没有被检测到的漏水点按照整个研究期来估算。可以估算得到暗漏水量为4367216m³。

国际水协会推荐的暗漏漏量计算公式　　表2–13

破管位置	暗漏的流量［L/（h·m）］	折合为X市供水管网暗漏漏失水量（m^3/h）
主干管	120	0.630
用户支管	32	0.192

（3）背景漏失

根据对X市供水管网干管长度、用户支管长度、用户支管个数、压力数据，由背景漏失计算公式（见表2-14），可以估算得到研究期内供水管网背景漏失水量为535876m^3。

国际水协会推荐的背景漏失计算公式　　表2–14

位置	漏量系数	单位
主干管	9.6	L/（km·d·m）
用户支管（主干管至用户物权的边界）	0.6	L/（km·d·m）
用户支管（物权边界至用户水表）	16	L/（km·d·m）

（4）真实漏失

将明漏、暗漏和背景漏失的计算结果求和，可以计算出研究期内X市供水管网真实漏失Q_{AL}，见表2-15。

“自下而上”计算的真实漏失组分　　表2–15

水量分类	用水性质	水量（m^3）	占比	说明
真实漏失 Q_{AL}=6948512m^3	明漏水量	2045420	29.44%	根据修漏记录
	暗漏水量	4367216	62.58%	根据管网压力和探漏结果
	背景漏失水量	535876	7.71%	根据管网压力、用户支管数和管网长度

由表2-15可以看出，“自下而上”计算出的真实漏失为6948512m^3，其中，明漏占29.44%、暗漏占62.58%，背景漏失占7.71%。与“自上而下”的水量平衡表得到的真实漏失（7064101m^3）相比，少了115589m^3。分析误差主要来源如下：

1）可能是由于“自上而下”制定水量平衡表时，管网当中两座蓄水池（容积变化缺少数据支持），导致系统供给水量出现一定误差；

2）对未收费的合法用水量（免费用水量）估计偏少；

3）可能是由于“自上而下”制定水量平衡表时，对表观漏损（非法用水和计量误差水量）估计偏少，如对非法用水估计偏少；

4）可能是由于“自下而上”校核水量平衡表时，由于X市部分地区供水管网基础设施比较落后（如管网老化、管材腐蚀严重等），供水管网压力不均衡，导致局部供水压力偏高等，在计算暗漏或背景漏失时，对这部分水量估算值可能偏低。

4. 国际水协会标准水量平衡表结果展示

通过比较可知，校核出的真实漏失与“自上而下”计算得出的真实漏失的误差大约为

1.64%，相当于每天相差了 317m³，这约占 X 市日平均供水量（12781m³）的 2%，因此通过微调真实漏失各组分的水量，最终得到校核后的水量平衡表（见表 2-16），可以认为得到的水量平衡数据精度比较高，可以用于 X 市供水管网漏损现状评估，反映供水管网的漏损状况。

X市国际水协会水量平衡表（m³，%） 表2-16

<table>
<tr><td rowspan="9">系统供给水量
46465048m³
（100%）</td><td rowspan="4">合法用水量
37548291m³
（80.81%）</td><td rowspan="2">收费的合法用水量
37338915m³
（80.36%）</td><td>收费计量用水量
37158850m³（79.97%）</td><td rowspan="2">收益水量
37338915m³
（80.36%）</td></tr>
<tr><td>收费未计量用水量
180065m³（0.39%）</td></tr>
<tr><td rowspan="2">未收费的合法用水量
209376m³
（0.45%）</td><td>未收费已计量用水量
20101m³（0.04%）</td><td rowspan="7">无收益水量
912613m³
（19.64%）</td></tr>
<tr><td>未收费未计量用水量
189275m³（0.41%）</td></tr>
<tr><td rowspan="5">漏损水量
8916757m³
19.19%</td><td rowspan="2">表观漏损
1852656m³
（3.99%）</td><td>非法用水量
280151m³（0.60%）</td></tr>
<tr><td>因用户计量误差和数据处理错误造成的损失水量
1572505m³（3.38%）</td></tr>
<tr><td rowspan="3">真实漏失
7064101m³
（15.20%）</td><td>明漏
2045420m³（4.40%）</td></tr>
<tr><td>暗漏
4367216m³（9.40%）</td></tr>
<tr><td>背景漏失水量
651465m³（1.40%）</td></tr>
</table>

根据水量平衡计算结果，X 市研究期内的无收益水量为 912613m³，产销差率为 19.64%。其中：

（1）未收费的合法用水量 209376m³，占系统供水量的 0.45%；

（2）漏损水量 8916757m³，占系统供水量的 19.19%，其中：

1）表观漏损 1852656m³，占系统供水量的 3.99%；

2）真实漏失 7064101m³，占系统供水量的 15.20%。

5. 国内漏损控制评定标准中的水量平衡表

根据《城镇供水管网漏损控制及评定标准》CJJ 92—2016 制定的水量平衡表，需要重新计算计量损失水量和其他损失水量。

（1）计量损失水量

根据营业收费系统统计的所有计量水量为 38178951m³（收费计量水量和未收费计量水量之和），其中抄表到户的居民水量为 23635974m³，非居民用户用水量为 14542977m³，根据供水企业水表抽样送检结果，用户水表的平均计量误差为 –1.8%。

$$Q_{m-}=\frac{Q_{mL}}{1-C_{mL}}-Q_{mL} \tag{2-8}$$

式中　Q_{m-}——非居民用户表具误差损失水量（m^3）；

Q_{mL}——非居民用户用水量（m^3），为 14542977m^3；

C_{mL}——非居民用户表具计量损失率，为 0.018。

可计算出非居民用户表具误差损失水量为 266572m^3。

$$Q_{m-}=\frac{Q_{mr}}{1-C_{mr}}-Q_{mr} \tag{2-9}$$

式中　Q_{m-}——居民用户总分表差损失水量（m^3）；

Q_{mr}——抄表到户的居民用水量（m^3）；

C_{mr}——居民用户总分表差率。

由于 X 市并未实施居民小区总表考核，所以无法获取居民用户的总分表差率 C_{mr}。

（2）其他损失水量

其他损失水量包含未注册用户用水和拒查等管理因素导致的损失水量。X 市的非法用水为 280151m^3。

X市国内标准水量平衡表　　表2-17

<table>
<tr><td rowspan="11">供水总量
46465048m³
（100%）</td><td rowspan="4">注册用户用水量
37548291m³
（80.81%）</td><td rowspan="2">计费用水量
37338915m³
（80.36%）</td><td>收费计量用水量
37158850m³（79.97%）</td><td rowspan="2">收益水量
37338915m³
（80.36%）</td></tr>
<tr><td>收费未计量用水量
180065m³（0.39%）</td></tr>
<tr><td rowspan="2">免费用水量
209376m³
（0.45%）</td><td>未收费已计量用水量
20101m³（0.04%）</td><td rowspan="9">无收益水量
912613m³
（19.64%）</td></tr>
<tr><td>未收费未计量用水量
189275m³（0.41%）</td></tr>
<tr><td rowspan="7">漏损水量
8916757m³
19.19%</td><td rowspan="4">漏失水量
7064101m³
（15.20%）</td><td>明漏水量
2045420m³（4.40%）</td></tr>
<tr><td>暗漏水量
4367216m³（9.40%）</td></tr>
<tr><td>背景漏失水量
651465m³（1.40%）</td></tr>
<tr><td>水箱、水池的渗漏和溢流水量
0（0）</td></tr>
<tr><td rowspan="2">计量损失水量
1572505m³
（3.38%）</td><td>居民用户总分表差损失水量
1305933m³（2.81%）</td></tr>
<tr><td>非居民用户表具损失水量
266572m³（0.57%）</td></tr>
<tr><td>其他损失水量
280151m³
（0.60%）</td><td>未注册用户用水和用户拒查等管理因素导致的损失水量
280151m³（0.60%）</td></tr>
</table>

3 管网漏损检测

3.1 管网漏损检测常见问题

漏损检测中，导致漏损检测困难的因素主要包括：对管网漏损发生的规律缺乏全面判断，使得检漏方案较为盲目；部分漏点检出难度大，如难检测管道材质、供水压力低于0.2MPa、埋深超过2m、漏点处于特殊环境（如：水下、构筑物占压，漏水点周围充满水形成水包管、管道加套管、管道加保温层）等。

3.2 检漏方案优化

3.2.1 优化原则

供水管网中管道的漏损风险存在差异。对漏损风险高的管道，应当优先检测，或者提高检漏频次；对漏损风险低的管道，可以延后检测，或者减少检测频次。

3.2.2 漏损风险评价

漏损风险评价基于管道的物理、运行与环境指标，可评价管道发生漏损的风险概率。其中，漏损历史与管龄是关键分析指标。由于管道漏损机理的复杂性，难以模拟发生过程。目前，主要基于统计学或者机器学习算法建立管道漏损风险与分析指标的关系。根据供水管网的运行特点，可灵活选择指标，建立管道漏损风险评价模型。评价结果的输出方式有两种：定性输出划分管道风险类型，可分为低风险、中风险及高风险；定量输出计算管道风险数值，基本流程如图3-1所示。

3.2.3 漏损风险评价案例

管网漏损的根本原因在于管道本体或附属结构发生的破损，因此，通过对管网破损的分析可以间接实现管线尺度上的漏失评价。本案例主要介绍管线破损模型的建立方法。

1. 数据收集

收集某市一个片区的管网基础数据及破损数据进行研究，数据包含了2008～2011年的历史破损记录。据统计，超过90%的破损发生在铸铁管道上，因此，在本研究中仅考虑了铸铁管道。另外，一般情况下，管径超过300mm的管道在管材质量控制、施工质量

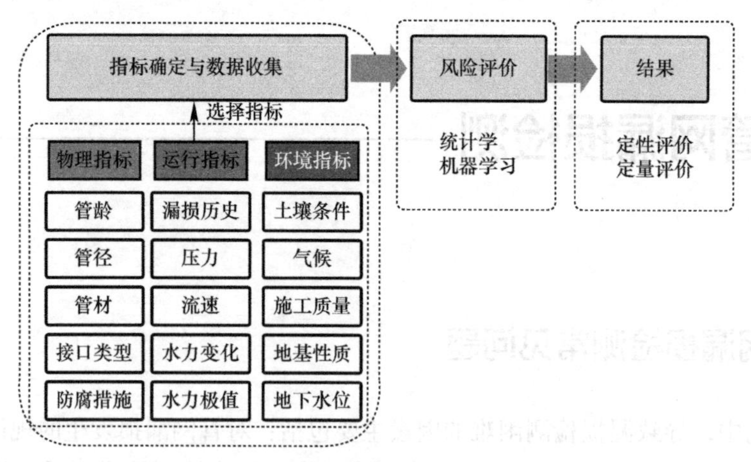

图 3-1　管道漏损风险评价基本流程

控制以及后期维护控制方面都优于管径在 300mm 以下的管道。也就是说，如果考虑建立管道破损模型的话，管径在 300mm 以上的管道和以下的管道是应该分开考虑的，因为它们遵循的规律可能存在很大不同。因此，本研究未考虑管径在 300mm 以上的管道。表 3-1 给出了研究区域的数据基本情况。

案例区数据概况　　表3-1

属性	值
管材	铸铁
铺设年份	1906～2006年
管径（mm）	*DN* 75、100、150、200、250、300
总管长（km）	507.5
2008～2011年间的破损次数	516

（2）建模方法

一般情况下，管道的破损率随着管龄的增长并非单调变化，而是呈现出先下降后上升的趋势。因为管道在投入使用之后，一般会经历三个阶段：适应期、稳定期、老化期。在铺设初期，管道需要适应管道内外的腐蚀环境以及水力条件，在这一时期，管道比较容易发生破损。但管道的破损率并非单调下降，而是呈现出一个先上升后下降的过程。因为管道在铺设后即使是不能适应其内外环境，破损不是立刻发生的，而是需要一定时间。因此，管道在铺设之后应当先适应内外环境，不能适应的管道会在一定时间后发生破损，此时破损率达到一个高峰。随着运行时间的增长，管道慢慢适应了各环境条件，破损率便会逐渐降低并趋于稳定。而随着管龄的进一步增大，管道进入老化期，破损率也会开始升高，（如图 3-2 所示）。

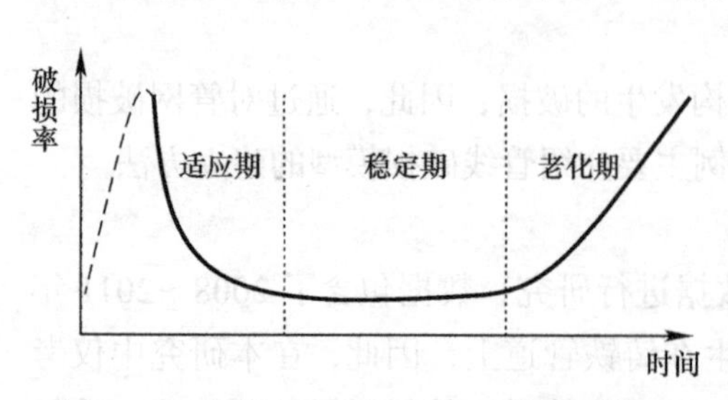

图 3-2　管道破损率的改进“浴缸”模型

本案例采用图 3-2 所示的模型，分别针对所收集管网破损数据的“适应期到稳定期”和“稳定期到老化期”进行了分段拟合。其中，适应期到稳定期所采用的公式是 Lognormal 模型，而稳定期到老化期采用的指数增长公式，叠加的模型公式见式（3-1）。

$$\lambda(t)=\lambda_1(t)+\lambda_2(t)=\frac{\lambda_0+\lambda_0'}{2}+\frac{A_1}{\sqrt{2\pi}\omega t}e^{\frac{-\left(\ln\frac{t}{t_1}\right)^2}{2\omega^2}}+A_2e^{\frac{t-t_2}{A_3}} \tag{3-1}$$

式中 λ_1——适应期到稳定期管道破损率（单位管长单位时间上的破损数）；

λ_2——稳定期到老化期管道破损率（单位管长单位时间上的破损数）；

t——管龄；

λ_0 和 λ_0'——常数项；

A_1、A_2、A_3、t_1、t_2 和 ω——待率定参数。

（3）模拟结果

本案例建模所采用的管道管龄分布在 5～105 年之间，由图 3-3 可以看出，在管龄小于 7 时破损率相对较高，对应图 3-2 中的适应期；在管龄为 8～61 时破损率相对较低且比较平稳，对应图 3-2 中的稳定期；而当管龄大于 73 时，破损率又有所升高，对应图 3-2 中的老化期。采用分段拟合方法，得到描述该管网破损率的模型，如式（3-2）所示。模型对数据的拟合效果较好，R^2 达到了 0.95，模型的拟合结果如图 3-3 所示。

$$\lambda(t)=0.255+\frac{83.98}{t}e^{\frac{-\left(\ln\frac{t}{5.671}\right)^2}{0.01827}}+2.533\times10^{-4}e^{\frac{t-34.9}{5.705}} \tag{3-2}$$

式中 λ——管道破损率；

t——管龄。

将模型应用于整个管网的评价，即可以得到管线尺度上的破损预测结果，如图 3-4 所示。在该结果的辅助下，可以帮助供水企业识别破损严重的管道，进而指导漏损监测和控制策略（如管网改造）的制定。

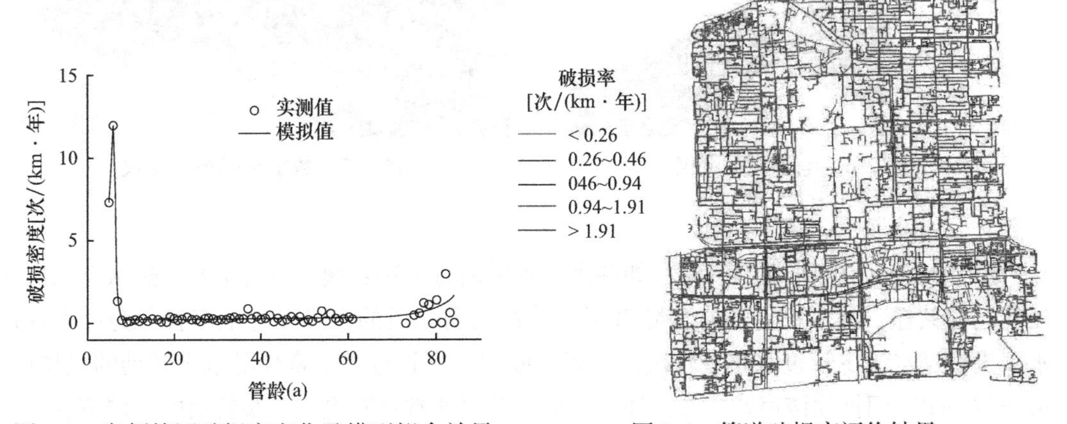

图 3-3 案例管网破损率变化及模型拟合效果　　图 3-4 管道破损率评价结果

由以上分析可以看出，以管道破损历史数据为基础，建立破损预测模型，可以有效识别漏损严重的管道。需要指出的是，建模方法不局限于本研究所述的方法，可以根据数据特征选择合适的模型；模型变量也不限于本研究所述的管龄，还可以增加更多的变量。因此，需要根据管网具体资料确定，资料越完备，模型的效果越好。

3.3 管网漏损检测技术方法

3.3.1 听音法

听音法指借助听音仪器设备，通过识别供水管道漏水声音，推断漏水点的方法。听音法包括阀栓听音法、地面听音法和钻孔听音法。阀栓听音法可用于供水管网漏水普查，探测漏水异常的区域和范围，并对漏水点进行预定位；地面听音法可用于供水管网漏水普查和漏水点的精确定位；钻孔听音法可用于供水管道漏水点的精确定位。

1. 适用范围

管道发生渗漏，漏水声音频率范围是 20～20000Hz 的漏水点。

2. 技术要点

入场前需了解供水管道图纸，根据探测条件选择阀栓听音法、地面听音法或钻孔听音法，检测方法应满足现行行业标准《城镇供水管网漏水探测技术规程》CJJ 159 的相关规定。

图 3-5　机械式听音杆

3. 常用设备（见图 3-5～图 3-7）

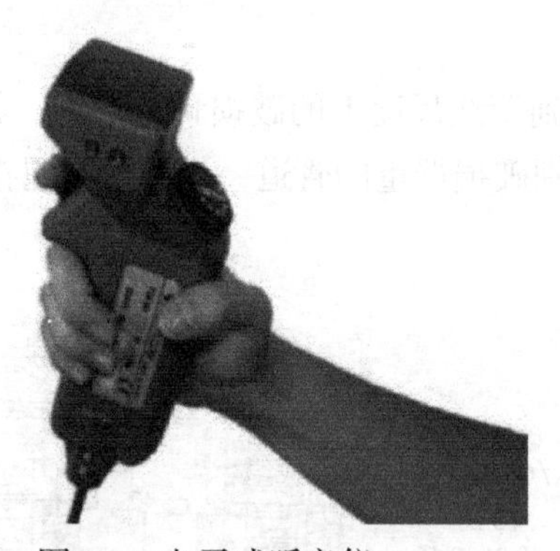

图 3-6　电子式听音仪

图 3-7　数字屏噪声听漏仪

4. 注意事项

声音识别：声音来源有多种，如漏水、管道内有异物、阀门没有全开、过水、二次加压管道的共振。漏水声音通常伴随着压力冲刷周围介质的声音。过水声音分为：主管过水、支管过水。主管过水频率较缓，且频率固定。支管过水通常伴随水表转动的机械声，可通过关闭阀门排除该声音。二次加压管道的共振通常会有电流、泵转动的机械声音，可通过停泵排除。此类声音的识别宜采用机械式听音杆。

使用机械式听音杆传感器应直接接触地下管道或管道的附属设施。避开用水高峰期，条件允许时可关闭支状管网阀门进行复听。

应首先观察裸露地下管道或附属设施是否有明漏。发现明漏点时，应准确记录其相关信息，包括下列内容：

（1）阀栓类型；

（2）明漏点的位置；

（3）漏水部位；

（4）管道材质和规格；

（5）漏水照片、视频；

（6）漏水量。

应根据听测到的漏水声音，确认漏水异常段，然后根据漏水声音的强弱和特征，并结合已有资料，推断漏水点。

使用路面听音法时，应注意以下事项：

进行地面听音之前，必须掌握被测管道准确的水平位置、埋深和走向。

探测时地下供水管道埋深不宜大于 2.0m。采用地面听音法进行漏水普查时，应沿供水管道走向在管道上方逐点听测。金属管道的测点间距不宜大于 2.0m，非金属管道的测点间距不宜大于 1.0m。漏水点附近应加密测点，加密测点间距不宜大于 0.2m。

在进行漏水点精确定位时或对管径大于 300mm 的非金属管道漏水探测时，宜沿管道走向成“S”形推进听测，但偏离管道中心线的最大距离不应超过管径的 1/2。

3.3.2 流量法

流量法是指借助流量测量设备，通过检测供水管道流量变化推断漏损异常区域的方法，分为区计量监测法和区域装表法。

1. 适用范围

用于判断探测区域是否发生漏水，确定漏水异常发生的范围，还可用于评价其他方法的漏水探测效果。

2. 技术要点

应结合供水管道实际条件，设定流量测量区域，探测区域内及其边界处的管道阀门均应能有效关闭。测流设备分：固定式、移动式。当采用移动式设备时，应满足计量设备安装规范，且有连续计量功能和数据远传功能，计量仪表数据记录间隔应不大于 15min，数据远传宜采用 NB-IoT 与 GPRS 传输方式，至少每天传输 1 次。

通过逐步开关阀门流量数据分析判定供水异常区，宜选在凌晨 0:00～4:00 进行探测。

3. 常用设备

便携式超声波流量计如图 3-8 所示。

4. 注意事项

（1）计量设备的精度不应低于 1.0 级；

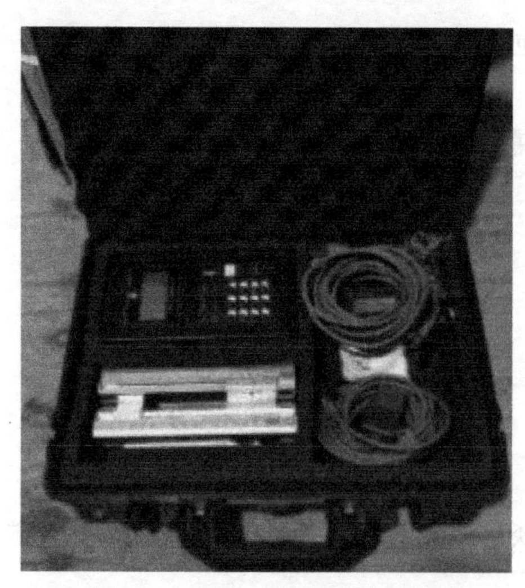
图 3-8　便携式超声波流量计

（2）被检测管道必须满管水；

（3）管道内不能有气泡；

（4）计量设备安装时应符合现行国家标准《自动化仪表工程施工及质量验收规范》GB 50093 的要求；

（5）流量法的流量计量仪表可采用机械水表、远传电磁流量计、远传超声流量计或多功能漏损监测仪等，其计量精度应符合现行国家标准《饮用冷水水表和热水水表》GB/T 778、现行行业标准《电磁流量计》JB/T 9248 和《超声波水表》CJ/T 434 的有关规定。

3.3.3　压力法

压力法是指借助压力测试设备，检测供水管道供水压力的变化，推断漏水区域的方法。

1. 适用范围

可用于需要判断供水管网是否发生漏水，并确定漏水发生点的位置。

2. 技术要点

应根据供水管道条件布设压力监测点并编号，压力监测点宜布设在已有的压力测试点或消火栓上。当在压力测试点上安装压力计量仪表时，应排尽仪表前的管内空气，并应保证压力计量仪表与管道连接处不应漏水。压力计量仪表应尽量选用具备数据远传功能的传感器，并确保计量精度不小于 1.0 级。宜采用压力表与压力传感器（远传）相结合，数据上传不低于 1 次 /d，数据采集时间间隔不大于 15min。

3. 常用设备（如图 3-9、图 3-10 所示）

图 3-9　压力表

图 3-10　压力传感器

4. 注意事项

（1）压力设备安装在主管道上无法停水操作时，带压操作管道压力不大于 1.0MPa；

（2）压力传感器只能垂直向上安装。

3.3.4 噪声法

噪声法是指借助相应的仪器设备，检测、记录供水管道漏水声音，并统计分析其强度和频率，推断漏水管段的方法。

1. 适用范围

可用于供水管网漏水监测和漏水点预定位。

2. 技术要点

噪声听漏的方法分为管壁噪声监测（噪声记录仪）和水中噪声监测方法（水听器）。水听器多用于大管径噪声（>*DN*300）的漏点监测，噪声记录仪用于管径小于 *DN*300 的漏点监测。噪声记录仪的灵敏度和探测方法应符合现行行业标准《城镇供水管网漏水探测技术规程》CJJ 159 相关规定。

噪声法可采用固定和移动两种设置方式。当用于长期性的漏水监测与预警时，噪声记录仪采用固定设置方式；当用于对供水管网进行漏水点预定位时，宜采用移动设置方式。噪声检测点的布设应满足能够记录到探测区域内管道漏水产生的噪声等要求，检测点不应有持续的干扰噪声。

3. 常用设备（见图 3-11）

目前噪声记录仪基本具备至少两种数据接受模式，一种为传统的车载移动式，当技术人员的车辆经过记录仪时，噪声数据会自动下载至手中的电子接收装置。另外一种模式为基于物联网的 LORA 或 NB-IoT 等其他数据传输模式。

图 3-11　噪声记录仪

4. 注意事项

应根据被探测管道的管材、管径等情况确定噪声记录仪布设间距。噪声记录仪的最大布设间距参见表 3-2。

噪声记录仪的最大布设间距　　表3-2

管材	最大布设间距（m）
钢管	150
灰口铸铁管	100
水泥管	80
球墨铸铁管	60
塑料管	40

（1）间距应符合下列规定：

① 应随管径的增大而相应递减；

② 应随水压的降低而相应递减；

③ 应随接头、三通等管件的增多而相应递减；

④ 噪声法用于漏点探测预定位时，还应根据阀栓密度进行加密测量，相应减小噪声记录仪的布设间距；

⑤ 在直管段上噪声记录仪最大布设间距不应超过表 3-2 的界定。

（2）噪声记录仪的布设应符合下列规定：

① 宜布设在检查井中的供水管道、阀门、水表、消火栓等管件的金属部分；

② 布设点应避开泵房、减压阀、未全部打开的阀门；

③ 宜布设于分支点的干管阀栓；

④ 实际布设信息应在管网图上标注；

⑤ 管道和管件表面应清洁。

噪声记录仪的记录时间宜为 2:00～4:00。

3.3.5 相关分析法

相关分析法是指借助相关仪，通过对同一管段上不同测点接收到的漏水声音进行相关分析，推断漏水点的方法。

1. 适用范围

可用于漏水点的预定位和精确定位。

2. 技术要点

采用相关分析法探测时，管道水压不应小于 0.15MPa，相关仪应具备滤波、频率分析、声速测量等功能，相关仪传感器频率响应范围宜为 0～5000Hz。探测时所用的传感器布设应符合现行行业标准《城镇供水管网漏水探测技术规程》CJJ 159—2011 的相关规定。

3. 常用设备（见图 3-12、图 3-13）

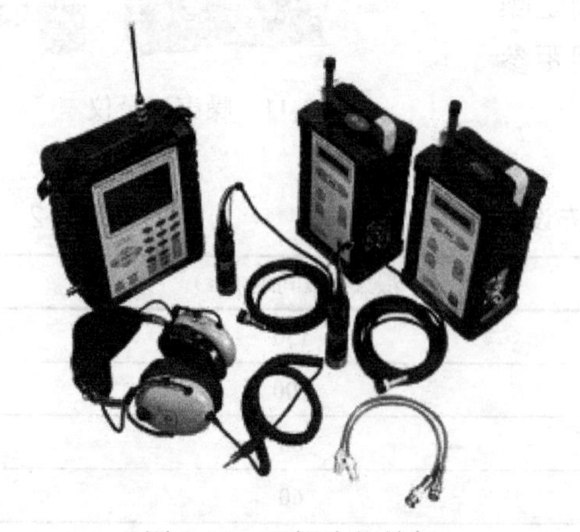

图 3-12 双探头相关仪

图 3-13 多探头相关仪

4. 注意事项

（1）相关仪的两个传感器必须放置在同一条管道上，应关闭支管阀门；

（2）异常管道段漏水点要在两个传感器之间；

（3）在探测时尽量增加被测管段的水压。

3.3.6 其他方法

1. 管道内窥法

管道内窥法是指通过闭路电视摄像系统（CCTV）查视供水管道内部缺陷推断漏水异常点的方法。

（1）适用范围

可用闭路电视摄像系统（CCTV）查视管径较大的供水管道内部缺损，探测漏水点。

（2）技术要点

闭路电视摄像系统（CCTV）可采用推杆式和爬行器式探测仪器，主要技术指标满足现行行业标准《城镇供水管网漏水探测技术规程》CJJ 159 的相关规定。

2. 探地雷达法

探地雷达法是指通过探地雷达（GPR）对漏水点周围形成的浸湿区域或脱空区域探测，推断漏水异常点的方法。

（1）适用范围

可用于已形成浸湿区域或脱空区域的管道漏水点的探测。

（2）技术要点

使用探地雷达法应具备的条件包括：漏水点形成的浸湿区域或脱空区域与周围介质存在明显的电性差异；浸湿区域或脱空区域界面产生的异常能在干扰背景场中分辨出来。探地雷达探测设备应按照规定进行保养和校验，设备发生功率和抗干扰能力应满足探测要求，采用的天线频率应与管道埋设相匹配。探测设备和方法应满足现行行业标准《城镇供水管网漏水探测技术规程》CJJ 159 的相关规定。

3. 地表温度测量法

地表温度测量法是指借助测温设备，通过检测地面或浅孔中供水管道漏水引起的温度变化，推断漏水异常点的方法。

（1）适用范围

可用于因管道漏水引起漏水点与周围介质之间有明显的温度差异时的漏水探测。

（2）技术要点

采用温度测量法探测供水管道漏水时，探测环境应相对稳定，供水管道埋深应不大于1.5m。地表温度测量仪器可选用精密温度计或红外温度仪，并应符合现行行业标准《城镇供水管网漏水探测技术规程》CJJ 159 的相关规定。

4. 气体示踪法

气体示踪法是指在供水管道内施放气体示踪介质，借助相应仪器设备通过地面检测泄漏的示踪介质浓度，推断漏水点的方法。

（1）适用范围

可用于供水管网漏水量小，或采用其他探测方法难以解决时的漏水探测。

（2）技术要点

气体示踪法所采用的示踪介质应无毒、无味、无色，不得污染供水水质；应具有相对密度小、向上游离的特性，且穿透性强，应易被检出；应不易被土壤等管道周围介质所吸收；应具备易获取、成本低、安全性高的特性。气体示踪法仪器传感器的灵敏度应优于1mg/L。探测前应计算待测供水管道的容积，应备足示踪气体。在向待测供水管道内注入示踪气体前，应关闭相应阀门，并应确保阀体及阀门螺杆和相关接口密封无泄漏。不宜在风雨天气条件下采用气体示踪法。

3.4 检漏设备选型与配置

检漏设备明细见表 3-3。

检漏设备明细表　　表3-3

序号	仪器名称	数量
1	寻管仪	1台
2	数字屏噪漏水探测器	1台
3	听音杆	1支
		1支
4	工程车	1辆
5	电子听音杆	1支
6	钻探棒	1支
7	辅助设备	若干
8	双探头相关仪	1套
9	便携式流量计	1套
10	探地雷达	1台

3.5 管网漏损检测作业程序

管网漏损检测工作程序宜结合现场情况而定，基本作业程序如图 3-14 所示。

图 3-14　管网漏损检测基本作业程序

3.6 检漏队伍建设与管理

对于检测管道漏水降低管网漏失率，一般存在两种办法：聘请专业公司作集中性漏水调查工作；供水企业自身配置一定的设备，建立检漏队伍，进行日常的管网巡检工作。因为管网漏水具有一定的反弹性，一次漏水调查后的一定时间内，管网的漏失率有复原的现象，因此漏水调查是一个周而复始的工作。供水企业有必要建立自己的检漏队伍，通过日常的测漏工作，保持较低的管网漏失率。

1. 仪器配置

仪器的配置以实用性原则，宜根据供水管网长度和供水量配置考虑工作人数，在数量上加以调整。其中，管线探测仪、听漏仪、听音棒、相关仪等是必不可少的仪器设备。

2. 人员队伍建设

人员队伍的建设以供水管网长度、供水量、基本情况作为主要依据。在正常工作情况下，以一年为限，对供水管网进行全面检测，在漏失率复原周期内进行第二次检测，确保较低的漏水率。

3. 检漏队伍管理

制定相关管理条例包括：工作流程条例、安全生产条例、技术标准管理、定期组织探漏技能培训、建立相应的台账、仪器设备保养等条例。

3.7 应用案例

3.7.1 流量法应用案例

云南省东南部某供水企业 PE355 源水供水主管出现异常，导致净化厂进水不足。供水企业相关人员经过多次排查仍未查明原因，特邀请技术人员为其查明。

2017 年 3 月 27 日下午，技术人员到达供水企业管道异常地段现场经过排查无异常。

3 月 28 日，经过双方交流，决定采用流量法对供水出口至净化厂段管道进行分段式流量测试，如图 3-15 所示。

图 3-15 分段式测量瞬时流量

第一段：流量计变频供水出口瞬时流量 391m^3/h，流速 0.94m/s；

第二段：该测试段最高处水管瞬时流量 305m^3/h，流速 1.17m/s；

第三段：医院出水口处管道瞬时流量 267m^3/h，流速 1.01m/s；

第四段：唐修会处管道瞬时流量 297m^3/h，流速 1.14m/s；

第五段：周正大厦管道瞬时流量 50.58m^3/h，流速 0.19m/s。

如图 3-16 所示，经过五段管道的瞬时流量对比得出：造成供水不足是由于第四段与第五段之间存在异常。对第四段和第五段之间的管道进行详细排查，确定了漏水点的位置，漏水点漏量为 240m^3/h。

图 3-16　流量计测量第一段、第五段瞬时流量对比

供水企业开挖现场发现，PE355 水管与排污水泥管交叉埋设，并受外力挤压导致源水管破裂长达 42cm，且形成空洞。而破裂口紧靠污水井，源水管产生的漏水直接排至污水井，所以路面未出现溢水情况。现场情况如图 3-17～图 3-19 所示。

图 3-17　对漏水点进行开挖

图 3-18 开挖漏损情况

图 3-19 开挖修复后瞬时流量为 305m³/h，流速 1.2m/s

3.7.2 实时在线流量控漏案例

实时在线流量控漏是指依据准确的管网图在管道重要节点上安装流量实时在线监测装置，通过实时流量分段观察各流量数据的变化和夜间最小流量数据变化，系统发现问题后发送预警值，并及时通知管理人员第一时间处理，降低漏失率。

云南省东北部某供水企业供水管道漏水严重，经常停水，通过现场了解供水总量、实际抄表总量等数据，发现漏水探测的方法只能解决短期漏水问题，不能长期解决漏水严重的问题。原因是该城市属于山城，供水属于重力供水，管道压力大，管道材质是 PE 钢丝网骨架管，安装质量上有一定的缺陷。只能通过安装实时在线流量监测和更换经常漏水管道才能解决长期的漏水问题。该供水企业于 2019 年 10 月实施流量在线监测，通过流量数据分析发现漏水区域并积极开展漏水探测工作，减少漏水量 7100m³/d。漏水探测结束后系统实时在线流量监测运行正常，系统成功预警漏水共 4 处。

在线监测系统在控漏中发挥着重要的作用，能第一时间发现供水管网异常及时通知供水企业，减少成本并提高效率，有效降低漏失率，保障安全供水。

3.7.3 噪声法应用案例

利用人耳仿生学原理，结合物联网和人工智能大数据技术，通过安装在管网上的探漏仪，自动收集供水管网振动信息，利用无线传输技术将信息传输至服务器，后台对收集到的信息利用大数据分析技术判定管网是否存在漏损，通过 GIS 技术在应用平台上进行智能化呈现，同时向管理者发送漏损警报信息，如图 3-20 所示。

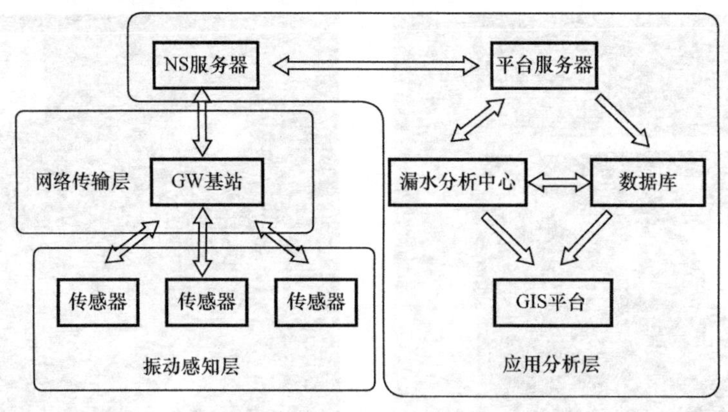

图 3-20　技术架构图

具体选址规则如下：

（1）根据传感设备实际安装位置综合考虑基站的部署位置和站间距，选址建筑高度应较周边建筑高 10～15m 为优；

（2）依据传感设备的布点位置，数据传输用基站应对所有探测点进行连续覆盖。根据当地无线环境工况的不同，站间距为 350～450m；

（3）LoRa 数据传输用基站选址应注意本身楼体及周边建筑可能造成的阴影影响，基站与传感设备之间无线传输以视距或较少路径为优；

（4）站址应有安全环境，不应选择在易燃易爆的建筑物和堆积场；

（5）基站选址应考虑周围环境发展变化，避开近期会拆迁的建筑，并考虑建设维护方便。

北方某高校，在 21.9km 长的供水管网长度上部署了 257 个传感设备，自组 LoRa 通信基站 6 套，基本实现了校园供水管网监测的全覆盖。截至目前，该项目系统共监测并确认的漏水点 107 个，探漏精准率超过 98%，累计节水超过 150 万 m^3，节省后勤水务管理人力成本超过 50%，年供水漏损事故发生率降低 90%，如图 3-21 所示。

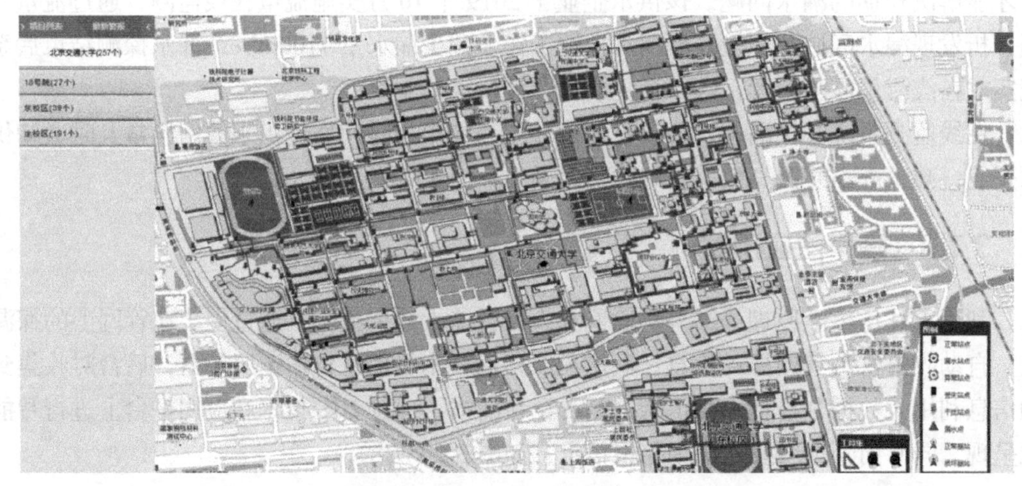

图 3-21　北方某高校供水管网渗漏报警平台实例图

3.7.4 特殊情况案例

漏水音的音频范围大致为 300～3000Hz，在实际现场存在部分特殊案例，管道漏水周围介质的含水层达到饱和，漏水特征声音被周围介质衰减，水溢流出地面，在地面听不到明显的漏水声音，必须通过打孔设备辅助才能精确定位。

2020 年 5 月贵阳市某处，经市民反映地面出现渗漏情况，供水企业探查埋深 2.3m 的 *DN*500 铸铁管道，通过水质检测属于自来水，并对管道周围进行听漏，属于水包管，路面听音无异常，采取钻孔听音法精确定位。供水企业及时组织开挖，开挖结果为 *DN*500 铸铁管断裂，现场情况如图 3-22～图 3-25 所示。

图 3-22　漏水现场

图 3-23　漏点打孔定位

图 3-24　漏点开挖

图 3-25　管道损坏情况

4 管网压力控制

4.1 管网压力控制的意义

管网真实漏失水量与管网压力呈正相关关系，压力越高，管网漏失水量越高。其原因包含两方面：一是压力越高，每个漏水点的泄漏速率就越大；二是压力越高，管网产生新漏水点的可能性也越大。因此，压力控制是控制管网漏失的有效手段，尤其是对于探漏仪器难以检测出的背景漏失，压力控制可以说是除管网更新改造之外唯一有效的手段。在满足用户用水需求的前提下，通过合理降低管网压力，可以有效降低漏失水量、破损频率和漏失自然生长率，实现节水和延长管网资产寿命的目的。

除了减少管网漏失之外，管网压力控制也是降低供水能耗的重要措施。管网压力是能量的表现形式，压力控制不合理，可能会造成管网平均冗余压力偏高，导致能量浪费。因此，通过合理的方式调控管网压力，使管网整体压力均衡且冗余压力降低，可以减少供水能耗。

4.2 管网压力控制的理论基础

大多数供水管网是为了满足用水高峰所需的压力和流量而设计的，因此，在用水高峰时段外的其他时间内，供水系统的运行明显高于需求的压力。在同一个供水系统内，为了保证最不利点有足够的压力，地势较低的区域或距离净水厂较近的区域，通常不得不在明显高于需求的压力下运行。因此，在时间和空间上，管网压力都有冗余存在。这些冗余压力造成了不必要的管网漏失。

管网漏失与管网压力呈正相关关系，一般用式（4-1）描述。

$$\frac{L_2}{L_1}=\left(\frac{P_2}{P_1}\right)^n \tag{4-1}$$

式中　L_1、L_2——管网平均压力等于 P_1 和 P_2 时的漏失水量；

n——压力对漏失的作用指数。

根据国内外相关研究结果，n 的取值一般在 0.5～2.5，与管网漏失点的数量、位置、大小、形态等特征有关。对刚性管道上发生的破损，n 的取值一般为 0.5。而在柔性管道上发生的破损，由于漏口的面积也会随着管网压力的增大而增大，n 的取值会大于 0.5。

这一理论被称为固定和可变面积漏失模型（FAVAD）。对一个具体管网，在没有足够信息进行 n 值估计时，一般假定压力和漏失之间为线性关系，即 n=1。

式（4-1）描述了漏失水量的变化率与压力变化率之间的关系，在实际应用中，节水量需要考虑的是漏失水量绝对值的变化，而不是相对变化量。因此，节水量大小还与当前漏失水量有关。也就是说，当前漏失水量越大，压力控制起到的节水效果越显著；反之，则节水效果越差。在进行压力控制的方案确定时，应进行成本效益分析，确定最优方案。

4.3 管网压力控制目标与评价方法

管网压力控制的目标是尽量减少管网冗余压力，尤其是漏失严重区域的冗余压力，使管网压力在时间和空间上更趋于均衡。

管网压力的合理性可采用管网平均冗余压力和压力波动两个指标［可分别通过式（4-2）和式（4-3）计算得到］来反映，两个指标均是越低越好。压力调控的效果可由两个指标的降低幅度来反映。

$$P_{\mathrm{r}}=\frac{\sum_{i=1}^{m}\sum_{j=1}^{n}(P_{ij}-P_0)}{m\times n} \tag{4-2}$$

式中 P_{r}——平均冗余压力；

P_{ij}——第 i 个节点第 j 时刻的压力；

P_0——最低服务压力要求；

m——节点数量；

n——监测时刻数。

$$P_{\mathrm{d}}=\frac{\sqrt{\sum_{i=1}^{m}\sum_{j=1}^{n}(P_{ij}-\overline{P_{ij}})^2}}{m\times n} \tag{4-3}$$

式中 P_{d}——压力波动；

P_{ij}——第 i 个节点第 j 时刻的压力；

$\overline{P_{ij}}$——所有节点所有时刻的平均压力；

m——节点数量；

n——监测时刻数。

需要注意的是，式（4-2）和式（4-3）中的节点数理论上是指管网中所有节点数，但实际应用中，节点处的压力很难得到，通常需要建立管网水力模型计算可知。而建立管网水力模型本身是一项非常复杂的工作，因此，可以用压力监测点来代替管网节点。但是压力监测点要尽量均匀覆盖整个管网，才能真实反映管网压力的空间分布。

4.4 管网压力控制的主要实施模式

管网压力调控主要包括分区调度、区域控压、小区控压等模式。

分区调度是在综合考虑净水厂分布及供水能力、地面高程、管网拓扑结构等因素的基础上，通过调节和关闭边界阀门的方式使净水厂供水区域相对独立，并对每个区域分别实施供水运行调度，实现降低净水厂出厂压力及管网压力的目的。这种模式通过净水厂泵站的优化调度实现管网压力的调控，具有调控范围大、节能等优点。因此，在进行管网压力调控时，应首先考虑采取分区调度模式。

区域控压是指对日供水量在 5 万～20 万 m^3（根据各地供水量会有所不同）的相对独立供水区域（区域内部无净水厂），通过在进水口加装压力控制设备的方式，降低区域内部管网压力。这种模式通过使用电动阀或减压阀来实现区域的压力调控，可调控范围介于分区调度与小区控压二者之间。

小区控压是针对终端居民小区或独立计量区，以保障末端服务压力为控制目标，对小区供水压力进行精准调控。这是调控范围最小的一种模式，同时也是调控最精准的模式，通常采用水力减压阀来实现。减压阀的控制方式包括四种：固定出口压力、定时调节压力、基于流量调节压力、基于关键点调节压力。四种方式的选择，可通过评估其对小区平均冗余压力降低的幅度来确定。

4.5 管网压力控制工作流程

管网压力控制工作流程如图 4-1 所示。

1. 现状调研

现状调研的内容包括供水格局（主要包括净水厂位置、供水方式、供水范围、供水规模、二次供水、地形地势等）、管网特征（主要包括管网拓扑结构、管网材质、铺设年代、管径及其空间分布、管网地理信息系统等）、运行现状（主要包括流速、流向、水压和用户用水量空间分布等）、漏损现状（主要包括管网漏损率、管道漏点监测、漏损控制技术应用现状和相应的管理措施）等方面，通过调研，分析管网压力控制的必要性与可行性。

2. 管网压力控制方案制定

依据管网调研结果，采用分区调度、区域控压、小区控压等模式，制定管网压力控制方案。

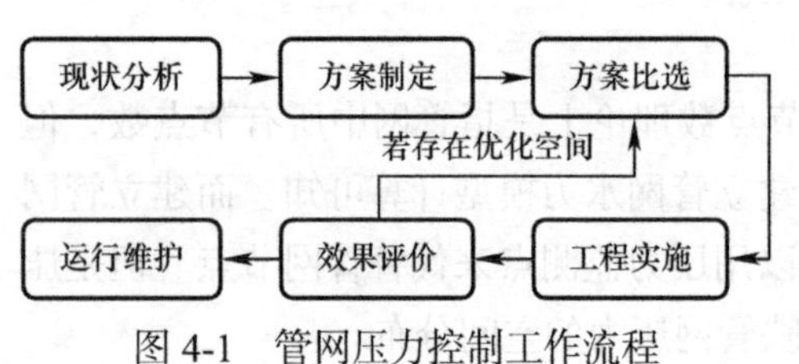

图 4-1 管网压力控制工作流程

3. 管网压力控制方案优化比选

针对提出的各种管网压力控制方案进行成本效益综合分析，确定优化的控制方案。

4. 管网压力控制工程实施

改造相关管网，安装相关设备，进行压力

控制措施的实施。

5. 管网压力控制效果评价

对压力控制取得的效果进行评价，重新评估目前管网压力有无可优化的空间，进一步完善压力控制方案。

6. 运行维护

对管网压力控制实施后的管网运行状态进行连续监测，根据供水格局、用户用水等情况的变化，适时调整管网压力调控方案。

4.6 管网压力控制方案制定

1. 总体调控

应根据净水厂的分布、地势特征、管网拓扑结构等，分析总体上采用逐级增压、逐级减压、增减压结合的投入产出关系，确定适合的总体压力控制方案。总体调控方案的确定一般适合在系统规划时进行。对已投入运行的管网，则可通过分析管网压力时空分布现状，识别管网压力偏高区域、泵站减压的制约因素等，通过综合评价，确定分区调度的可行性。

2. 局部调控

应针对管网不同分区，评价当前漏失水平，预测压力控制可达到的漏失水平，分析压力控制设备的投入产出关系，确定适合的局部压力控制方案。局部调控包含区域控压和小区控压两种模式。由于这两种模式相对于总体调控来说，调控范围较小，故最终的节水效果可能并不显著。因此，在实施前，应分析拟调控区域可降压力空间，预测降压之后的节水效果，将预期效益与成本对比，确定压力局部调控的可行性。

3. 联动调控

结合管网水力模型，分析水厂总体调控与局部调控的关系，建立科学的管网压力联动调节方案。总体调控与局部控制之间存在着相互关联，首先应尽可能采取总体调控，然后再对压力仍然较高的区域进行局部调控。而实施了局部控压之后，可能会由于漏失量的减少使管网总体上产生压力可降空间，此时应进一步考虑总体调控的可能性。总之，总体调控与局部调控之间互相影响，应通过反复调试，直至管网压力达到最优。

4.7 管网压力控制注意事项

1. 保障供水安全性

进行压力控制时通常会关闭若干边界阀门，导致供水安全性有所降低，为保证发生事故时区域内用户的正常用水，分区调度和区域控压时，宜采取设置可远程控制的电动阀门等应急保障措施。

2. 保证管网水质达标

进行压力控制时，边界阀门的关闭通常会导致管线中水流方向或流速发生较大变化，有可能造成管网水的浊度等指标升高，因此，在实施压力调控时，应对管网水质进行监测分析，发现问题及时采取相应处置措施，保障管网水质安全。

3. 保证分区边界密闭性良好

管网压力控制多是区域性的，而大部分情况下，要求除了控压入口外，其余边界要密闭良好，否则即使在控压入口处降低了压力，仍会有水从区域边界未密闭的入口处进入，导致控压效果减弱。因此，保证分区边界密封性良好是保证控压效果的重要因素。

4. 控压前考虑现状漏损情况

控压的节水效果不仅与压力降低的幅度有关，还与区域内的现状漏损水平有关。一般情况下，管线越老旧、管材越差，控压的效果越显著。因此，在控压之前要做好漏损评估，特别是要确定漏失水量的多少，以免控压的节水效果不显著，导致成本回收期过长。

5. 考虑对漏点检测的影响

由于压力降低后漏点的流速降低，漏水噪声随之降低，而绝大多数检漏设备都是基于声音进行漏点定位，导致压力降低，使很多漏点更难发现。因此，在采取压力控制前（特别是基于独立计量区的压力控制），应首先进行彻底的管网漏点检测。

6. 充分考虑对终端用户用水体验的影响

尽管压力控制后用户端的服务压力仍然满足相关标准和需求，但用户可能对压力的降低存在适应过程，在此过程中容易引起用户对供水服务的不满，因此，压力控制应采取逐步减压的方式并要留有余量。

4.8 应用案例

1. 案例背景介绍

该案例位于我国华北某市，该管网由多个水厂联合供水。前期通过出厂压力优化、分区调度等工作，不断优化管网压力，各水厂泵站均已无压力下降空间。然而，在距离水厂较近的区域，仍然存在部分压力偏高区域。与此同时，该市大规模地开展了DMA建设，天然形成了很多可开展压力控制的小区域。但是，面对众多的DMA，如何确定压力控制方案成为问题。

2. 漏损控制方案制定思路

管网压力控制的节水效果不仅与可降压力幅度有关，还与管网当前的漏失水量有关。因此，在选择控压DMA时，不仅要选择压力高的DMA，还要求同时满足管网漏失水量大。因此，采用了水专项开发的一项技术“DMA最低可达最小夜间流量确定方法”，确定采取压力控制之后可获得的节水效果，并与相关的成本投入作对比，最终确定合理的DMA控压方案，如图4-2所示。

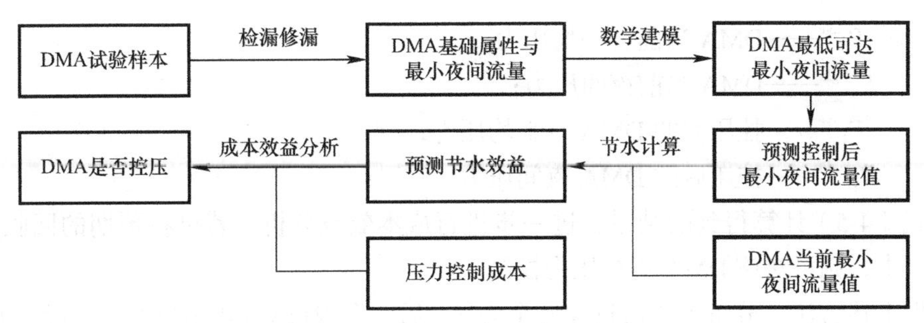

图 4-2 DMA 控压方案确定路线图

3. DMA 最低可达最小夜间流量确定方法

DMA 最低可达最小夜间流量考虑了 DMA 在不同特征（管材、管长、管龄、户数）及不同运行压力下，所能达到的最低最小夜间流量。该值反映了在不同 DMA 漏损控制措施下，其最小夜间流量可降到最低值，即可以反映出采取不同漏损控制措施获得的效果。压力控制是上述漏损措施中最重要的措施之一。

选择 36 个 DMA 进行检漏修漏直至所有 DMA 均无法检出新的漏水点；收集这 36 个 DMA 的管材、管长、管龄、用户数、水压，以及最小夜间流量（记作 LMNF，单位：L/s）等数据；采用多元回归方法，建立了 LMNF 与 DMA 基础属性之间的关系，如式（4-4）所示。

$$LMNF = (0.00041L_1 + 0.00014L_2 + 0.0015N) \cdot A^{0.72} P^{1.4} \tag{4-4}$$

式中 L_1——$DN75$ 以上铸铁管管长（km）；

L_2——$DN75$ 以上其他管材管长（km）；

N——户数（千户）；

A——平均管龄（年）；

P——夜间平均压力（m）。

图 4-3 给出了式（4-4）计算的模拟值与实测的真实值之间的对比，结果表明，模拟值与真实值构成的数据点比较均匀地分布在对角线两侧，表明式（4-4）的拟合效果较好（R^2=0.80）。

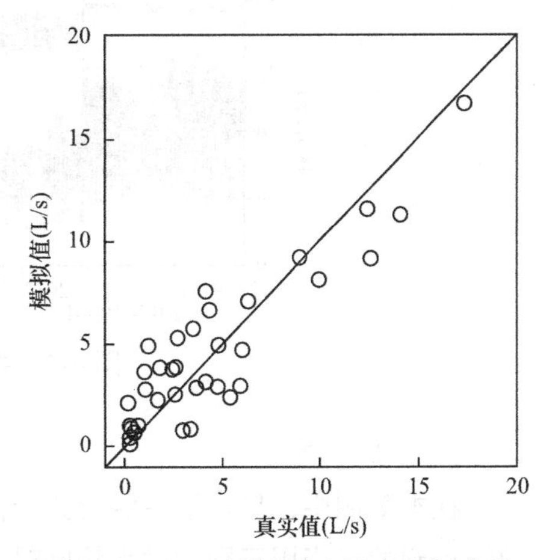

图 4-3 DMA 最低可达最小夜间流量与压力、管网属性关系模拟

4. DMA 控压方案决策

利用式（4-4），计算任意 DMA 在不同的压力控制目标下［改变式（4-4）中的 P 为压力控制目标值］可以达到的最低最小夜间流量，并利用式（4-5）计算预期节水量（SW）。

$$SW = \left(\frac{P_0^{\text{ave}}}{P_0^{\text{night}}}\right)^{1.4} \min(MNF, LMNF(P_0^{\text{night}})) - \left(\frac{P_1^{\text{ave}}}{P_1^{\text{night}}}\right)^{1.4} LMNF(P_1^{\text{night}}) \tag{4-5}$$

式中 MNF——DMA 当前的最小夜间流量值；

$LMNF$（P）——DMA 在压力为 P 时由式（4-4）计算得到的最低可达最小夜间流量值；

P_0^{ave}——DMA 当前日平均压力；

P_0^{night}——DMA 当前夜间压力；

P_1^{ave}——控压后的 DMA 日平均压力；

P_1^{night}——控压后的 DMA 夜间压力。

将式（4-5）计算得到的结果，进一步进行成本效益分析，若可在预期的回收成本期内收回成本，则可对该 DMA 进行压力控制。

根据上述方法，分析了该市近 400 个 DMA 后，发现可对其中的 61 个进行压力控制。该措施增强了压力控制的经济有效性。

5. DMA 控压方案的实施

确定了 DMA 的控压方案后，在压力的具体控制方式上包含了固定出口压力、按时间控制压力、按流量控制压力等几种方式。图 4-4 给出了某 DMA 采取不同控制方式时水量的变化。可以看出，相较于固定出口压力方式（阶段 2），按流量控制方式（阶段 3：在用水量较大时，减压阀后压力较大；在用水量较小时，减压阀后压力较小）可以更大限度地节水，因为这种模式对压力的调节更加精细，且保证了用水高峰期的压力。在该 DMA 中，压力控制的节水效果非常显著，压力降低时，流量有很显著的降低。其原因在于，该 DMA 的管材质量较差、管龄较长，现状漏失水量较高，而且该 DMA 的压力也较高（接近 40m），具备较大的降压空间。总之，该 DMA 同时符合了前述降压空间大、现状漏失高两个特点，使其降压带来的节水效果非常显著。

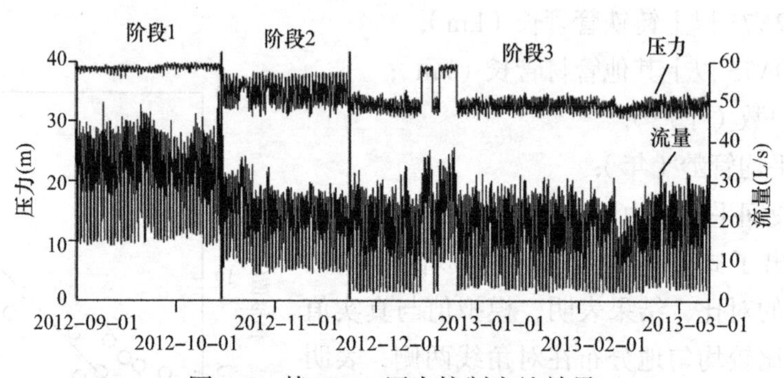

图 4-4　某 DMA 压力控制实施效果

6. 注意事项

在本案例中，呈现了一些公式。需要特别说明的是，这些公式均是基于本案例的实际数据得到的，当用于别的供水管网时，可以参考这些公式的结构，但公式中的参数需要利用新的案例数据去率定，应避免直接套用本案例的公式。

5 管网维护与更新改造

控制管网漏损除了如上所述加强管网主动探漏外，还需要结合工作实际和季节特点，有计划、有步骤地对全市供水主管和分支管道进行“巡、测、修”的联合巡检，并针对检漏、巡护过程中发现的不同问题，采取相应措施。针对严重的爆管、漏损问题，完善巡查—测漏定位—抢修的内部速报制度，第一时间将信息上报，尽快展开管网抢修维护工作，切实保障管网正常稳定运行；针对管网系统中隐藏的管网供水安全问题，管网维护已经无法满足正常有序供水秩序的情况，即需有针对性地制定管网更新改造计划，真正做到主动出击，从管理上预防治理。

5.1 管网施工

5.1.1 供水管线保护范围内的外部施工管理

（1）建议管线管理部门每年沟通市重点办等相关部门获取当年《市政重点工程项目清单》，对影响供水管线安全的市政项目告知区域巡检人员，提前对施工区域内的供水管线设置明显警示标志，并重点监护；

（2）巡检人员在日常管线巡护过程中，对发现的在供水管线安全防护范围内且影响供水管线运行安全的施工工地及时进行监控：

1）巡检人员应立即与工地项目负责人对接，了解工程概况及施工区域内供水管线保护范围内的具体施工作业内容；

2）通过 GIS 系统查询或现场管线巡线定位的方式，对施工区域内所有供水管线使用明显的标识物（如管线标示桩、警示带等）现场设置警示标志；

3）巡检人员与施工方负责人现场对施工区域内供水管线的相关信息（位置、管径、埋深等）进行技术交底；

4）巡检人员上报部门领导，向施工单位签发《供水管线安全告知书》，双方现场签字确认后进行备案。

（3）相关要求：

1）巡检人员必须保证施工工地未竣工前手机 24h 开机，保持联络通畅；

2）巡检人员在接到施工方施工通知后应立即赶赴现场，如遇特殊情况无法抵达，需上报部门领导后，调派人员赶赴现场进行施工监护；

3）在供水管线两侧 5m 范围内施工前，施工方需通知巡护人员进行现场监护，巡检人员未到场情况下，严禁在供水管线保护范围内施工作业；

4）供水管线保护范围内施工作业时要求施工方必须采取相应措施保障供水管网安全，巡检人员需在现场进行全程监控及安全评估。例如，在供水管线保护范围内施工前必须人工开挖探沟，确定管线实际位置及深度；供水管线保护范围内或邻近处施工开挖深基坑，必须要求施工方在施工侧供水管线处预埋钢板桩进行支护。

5.1.2 强化供水管道安装施工管理

供水管道的施工安装工艺，直接影响后期使用过程中供水管网的安全运行等级，施工安装工艺欠佳或不规范也是导致供水管网漏损率过高的主要原因之一。因此在供水管道安装过程中，施工方需严格按照设计方案及《给水排水管道工程施工及验收规范》GB 50268—2008等规范、标准规范化施工。工程质检人员及监理人员需在工程施工过程中全程现场监控，严把质量关，要求施工人员严格按照相关设计要求、工艺和方法施工，严禁施工方为盲目追求利润或缩短工期，偷工减料，或不按设计规范和相关施工工艺标准违规施工。供水管道工程竣工后验收人员需按照《给水排水管道工程施工及验收规范》GB 50268—2008、《给水排水构筑物工程施工及验收规范》GB 50141—2008等相关规范、标准严格验收。

5.2 管网巡查

管网巡查是加强管网运行管理的一项日常工作，是预防管道故障、保证供水管网及附属设施完好、降低管网漏损的积极措施，这项工作应由专人周期性地进行巡查。巡线员应每天按照规定的巡线计划、规定的路线对供水管网及管道附属设施进行巡查。管网巡查工作意义如下：

（1）及时发现各类管道漏水故障；

（2）及时发现各类有碍供水管网及附属设施安全运行的施工作业；

（3）及时发现地埋阀门井、地下消火栓的圈、压、埋、占情况；

（4）及时将发现的上述问题上报客服中心，交由供水企业有关部门及时处理；

（5）及时发现私接消防用水问题。

5.2.1 管网巡查误区与问题

供水管网的巡检宜采用周期性分区巡检的方式，管网巡检应分片专人（管段数）包干，因为只有管段划分才能避免重复或死角。管网巡查常见误区与问题主要有以下几点：

（1）避免巡检周期“一刀切”

各地供水企业可结合企业自身规模、管网特点、管线的重要性及城市建设的现状等情况来合理制定，巡检周期越短越有利于管道的安全运行，巡检周期过长无实际效果，使管线处于无人监管的状态。通常情况下管线巡检周期不宜超过5～7d，对重要管段巡检周期为1～2d，当爆管频率高或出现影响管道安全运行等情况时，以实施24h监管为宜。

（2）避免巡检模式单一化

在日常巡检作业中，应注意静态、动态两方面的内容。

静态巡检是指路面、其他管线及建筑物变化后应在管道平面图上留下修改痕迹，添加相关尺寸，有利于管网管理。城市电子地形图的修改往往要滞后若干年，一旦得到正式的电子地形图修改版后就要复制上去，清除不准确的现场绘制内容，避免资料混乱。

动态巡检应包括下列内容：

1）检查管道沿线有无明漏或地面塌陷情况；

2）检查井盖、标志装置、阴极保护桩等管网附件是否有缺损情况；

3）检查各类阀门、消火栓及设施井等有无损坏和堆压的情况；

4）检查明铺管、架空管的支座、吊环等完好情况；

5）检查管道周围环境变化情况和影响管网及其附属设施安全的活动；

6）检查管道沿线是否有违章用水的情况。

（3）避免巡检内容片面化

巡检的内容是多方面的，管道安全保护距离内不应有根深植物、正在建造的建筑物或构筑物、开沟挖渠、挖坑取土、堆压重物、顶进作业、打桩、爆破、排放生活污水和工业废水、排放或堆放有毒有害物质等，巡检中发现问题越早，处理得越及时，越有利于管网的安全运行和管网维护检修费用的降低。在巡检过程中发现的重大问题，应及时报告相关部门核查处理。

（4）避免巡检人员不专业

管网巡检人员是管网维护管理的侦察兵。加强巡检人员职业素质及专业化水平的培训，是改进管网管理水平的重要环节，也是变被动管理为主动管理的重要措施。只要管网运行中出现的问题发现得早、处理得及时，就可以大大降低管网养护费用，提高服务水平。

（5）避免交通工具车辆化

巡检人员进行管网巡检时尽可能采取步行或自行车骑行的方式。

（6）避免巡线管理不闭环

巡线管理需实现闭环管理，并与其他业务互动，如GIS、检漏、稽查、抢维修等。

5.2.2 管网巡查方法

（1）首先要掌握管线现状及管网长期运行状况，包括管道埋设位置、深度，管径，材质，控制范围，分支管的节点，管道周边有无热力、中水、城市下水等管道情况。

（2）高效（及时、准确）收集供水企业当地各类施工（建筑施工、市政施工等）信息。

（3）沿输配水管道，靠道路右侧行进，注意观察管道、消火栓有无漏水；阀门井、地下式消火栓井等有无压埋，井盖有无破损丢失；架空管道的支架、吊环等有无腐蚀损坏。

（4）注意观察管道周边地面上有无地面无故泛水、管道上方土质特别潮湿和泥泞、杂草植物生长异常茂盛、冬季积雪异常融化、地面异常塌陷、河岸边有异常清水流出等情况。

（5）注意及时发现在管道安全控制范围内的各类施工（建筑施工、市政施工等），必要时必须给出管线告知并进行现场看护。

（6）注意及时发现在管道安全控制范围内的开挖施工作业。

（7）注意及时发现在管道安全控制范围内建设混凝土搅拌站、塔吊等有碍管道安全运行的设施。

（8）注意及时发现建筑工地出口处是否有重型运输车辆碾压管道。

5.2.3 管网巡查管理要求

1. 制度建设

为高效开展供水管网及附属设施巡查管理，并妥善处理施工保护及巡线过程中发现的各类问题，确保积极主动管理供水管网，各供水企业应制定切实可行的供水管网巡线管理制度，其内容应涵盖工作范围、工作职责、工作要求及工作流程等。

2. 岗位职责

各供水企业应成立管线巡线班组，并按责任片区设立巡线班长，班长需负责供水区域内管网巡护，巡护队员管理、考核，与施工方联系沟通等工作。各供水企业还应根据区域面积及管线长度等设定一定数量的管线定位员及管线巡线员。管线定位员需负责施工区域管线定位工作，安排设立施工区域临时管线标识。管线巡线员需负责区域内管网巡查、监护以及与施工方联系沟通工作。

此外，巡线班组人员还应负责对 GIS 系统或图纸记录与实际情况不符的管线及附属设施进行整理、上报并督促整改。

3. 巡查队伍

根据供水管道的总长度，处理现场发现问题所耗时间，到达责任区域的路途时间等因素，结合巡线员每天能够完成的巡查里程，确定巡查区域内责任区域的个数以及所需巡线员的人数。为保证巡查工作质量，巡查速度必须小于 10km/h，建议每名巡线员的巡查管线长度小于 20km/d。巡线人数每 100km 管线至少配备 1 人，如项目公司所在地施工点多的话，建议临时增加人员至 1.5 人 /100km。

4. 巡查设备

巡查人员巡检过程中需携带管线探测仪、巡线日志、抄表钩及各类通知单。若条件许可，巡检人员可携带智能手机或笔记本电脑，既可了解所巡管段的资料情况，又可将静态或动态的巡检信息记录在案，亦有利于情况的及时汇总与考核管理。若配上 GPS，管网调度室可随时了解巡检人员的位置，便于沟通和监管。长距离输水管线往往在农田间无规则地穿越，巡检人员按管线步行巡查较困难，可配置无人机协同巡检。

5. 台账记录及分析

供水公司应对巡查过程中发现的各类问题建立管理台账，如责任区内施工工地管理台账、责任区内管线（阀门）漏失管理台账、责任区内管道施工损坏台账等，并通过定期对台账的汇总分析，掌握下一阶段巡查管理关注点、关注区域、特定区域内重点关注事项，有针对性地审视巡查计划、区域划分、巡查频次是否合理，巡查路线图编制是否科学，巡查工作方法是否得当，巡查人员及仪器设备配置是否能满足工作要求。

6. 考核激励

为规范管线巡护各成员的行为，保证供水企业管线及其附属设施的安全，激励员工为了有效控制和降低漏损水量、维护提升企业形象而共同努力，供水企业必须制定能激发员工积极性的考核体系。

5.2.4 应用案例

徐州首创水务目前运营的管线长度约1700km，根据巡线业务管理要求制定了明确的巡线管理制度，并将供水区域按片区划分为5个责任区，分别由5个巡线班长负责。对巡查过程中可能遇到的问题，如市政施工有可能影响供水安全问题，供水设施及闸井损坏问题，闸井及管道漏水问题，巡查中水质、水压问题，偷水问题，公司内部施工问题等均已制定了明确的处理机制。各班长对日常巡线管理过程发现的问题要进行详细记录，形成细化管理台账，制定清晰明确的上报与处理流程，及时分析执行过程中的问题并动态调整巡线计划，同时加强对巡线人员的考核激励，目前巡线管理成效显著。

徐州首创水务目前在编巡线员工17名，由于近几年徐州市集聚发展新老城区和开发区，施工工地较多，结合城市建设现状，外包巡线劳务人员28名，在编与外包人员共同努力，做好供水管线巡线管理，并着重加强对施工工地的看护。此外，每个班组除通过GIS系统及管网抢维修事件准确掌握管线运行状况外，还通过密切关注政府重点工程建设动态和加入徐州市施工联动群，及时准确掌握建筑施工、市政施工等信息。各班组对重要管线及爆管频次较高的管线，加大巡检力度，缩短巡检周期。对片区内施工工地进行现场察看，并指认管线、下发告知书，对重点施工工地进行蹲守看护。对第三方不慎挖坏的管道，第一时间通知稽查部门并快速进行抢维修，同时作好管线损坏记录。

截至目前，徐州首创水务通过规范化的管理制度建设，科学合理的巡线考核办法以及快速响应的问题解决机制，*DN*100以上管道因施工损坏次数由2018年的约3次/100km降至2020年的约1.5次/100km；每年及时发现明漏点数量100余处，避免管网漏损水量约300万m^3/a。

5.3 管网抢修

管网抢维修的速度与质量直接关系管网物理漏损量。《城镇供水管网运行、维护及安全技术规程》CJJ 207—2013中对供水管道发生漏水及发生爆管事故的修复时限有明确规定，为加强该项管理，结合首创环保集团运行实践，建议从以下几方面加强管理、降低漏损。

1. 加强主动预防，做好更新改造

通过信息化手段和供水管网日常运行状况数据，对供水管网的运行安全等级进行评估，并根据管道的材质、使用年限、敷设地质条件和爆管频率等基础信息，筛选出运行情况较差的供水管道进行有计划改造。

2. 规范抢维修业务管理，提升抢维修效率

通过抢维修相关管理制度的建设、抢维修业务流程规范、抢维修业务专项培训及应急演练等工作，提高抢维修人员整体素质。同时根据公司管网整体情况，布设合理的抢维修站点、配备充足的抢维修车辆及相应工器具设备，确保提高抢维修效率。

3. 准确填报工单，并开展工单数据分析

建议做好抢维修工单记录并积极开展工单分析，包括对抢修节漏水点数量、修复时间记录、管材记录等数据进行深入的统计等。其重要性不仅仅体现在考核抢修质量、加强产销差管理方面，对于建立完整和系统的地下资产管理系统也至关重要。

4. 开展信息化相关建设

建议实施信息化的抢维修管理系统，量化管理抢维修反应速度，保存现场照片，便于后期分析，并实现与 GIS 对接，优化地下资产管理。

5. 兴建实训基地，全面提高漏损控制水平

首创环保集团基于内部技术培训、模拟实验、实践培训和公共参观活动等需求，搭建了一个集聚员工探漏培训、抢维修实训、管网附属设备认知、单体设备测试、阀门解剖与复原及漏失控制技术可视化六位一体的综合性管网实训基地。依托基地将开展系列管材和附属设施业务培训及抢维修实训，提升管网运维能力。例如，联合厂商开展不同种类管材、不同类别阀门选用，安装验收及运行维护等业务培训，培训课程体系围绕管材及附属设施原材料选用、关键指标检测、安全运输存储、现场验收事项、规范施工操作、焊口质量检验，如何做好日常保养维护，如何快速抢修等角度全面展开，运用理论加实操的方式，切实提高一线人员的专业技能。

5.4 管网更新改造

供水管道的漏失风险会随着管道使用年限的延长呈逐年上升趋势，多数城市的供水管网普遍存在敷设使用年限较长、老旧供水管网分布较广的问题。为了有效降低供水管道的漏失水平，使供水管网整体运行处于相对稳定、安全的状态，供水公司应建立管道更新改造制度，对供水管网中存在安全隐患的管段，应有计划地进行更新改造，管网更新改造应重点做好以下几方面管控，方能降低管网漏损：

（1）供水企业应通过信息化手段和供水管网日常运行状况数据对供水管网的运行安全等级进行评估，并根据管道的材质、使用年限、敷设地质条件和爆管频率等基础信息，筛选出运行情况较差的供水管道进行有计划的改造；

（2）在管道实施更新改造之前，应进行技术经济分析，选择切实可行的更新改造方案；

（3）更新改造的管道宜进行管网模拟计算，优化管道布置方案，减少滞水管段；

（4）管径大于 *DN*400 的新建管道项目，应进行管网模拟计算。模拟流速及流向发生

明显变化的，应制定相关的施工及管控措施；

（5）对于漏失水平较高的供水管网，更新改造应坚持以主干管改造为主、分支和其他管道为辅的理念；

（6）应合理进行供水管网更新改造，将供水管网改造计划与市政工程项目有机结合，可以减少管网改造过程中的外部阻力（如掘路手续办理困难）、缩减工程资金投入；

（7）利用管网修复技术，最大程度恢复原有管道功能；

（8）管材的选用应按现行国家标准《生活饮用水输配水设备及防护材料的安全性评价标准》GB/T 17219 进行把关；

（9）施工质量的控制应按现行国家标准《给水排水管道工程施工及验收规范》GB 50268 的要求实施。

6 供水计量器具管理

无收益水量由真实漏失和表观漏损构成，真实漏失是指供水管网上产生的漏损，属于无效供水量；表观漏损是指水量尽管被使用与消费掉，但未被计入供水企业的收入，这部分漏损的控制问题，也需要关注并解决。

表观漏损从属性上分为四类：账册漏损、抄表漏损、水表计量误差和未授权用水。水表计量误差是指通过水表的真实水量与水表计量水量之间的差异，供水企业广泛使用水表作为贸易结算的计量器具，水表的计量误差大小，直接影响无收益水量水平，在表观漏损控制中，水表计量误差的评估与控制是重要技术和管理环节。

本章首先介绍水表计量误差原理及影响因素；其次简要介绍各类水表的分类、特点和适用场景；之后介绍供水企业水表计量体系和管理要求；最后结合两个案例，说明如何评估在用水表的计量误差以及水表计量误差在水平衡表编制中的应用。

6.1 水表计量误差原理及影响因素

6.1.1 水表计量误差原理

根据《饮用冷水水表和热水水表　第1部分：计量要求和技术要求》GB/T 778.1—2018，只要用于计量冷饮用水的体积或体积流量者，无论是基于机械或电子原理，还是基于机械原理带电子装置，统称为水表。换句话说，不论是旋翼、螺翼、电磁、超声，只要用于冷饮用水（自来水）的计量装置，都可叫做水表。

从本质上，水表可以看成是一种机械（电子）流量积分器，对流经的水量进行积算。因为水表设计和制造的原因，必然存在一定的误差。积算准确与否，首先取决于水表的误差，而水表的误差随着流量的不同各有差异。但是，仅仅关注这一方面，还不能计算水量计量准确程度，在计算用户计量准确程度的时候，到底要选用哪一个误差值乘以用户的用水量？要解决此一问题，必须进一步探讨用户用水量的分布情况，也就是用户用水模式。

所谓用户用水模式，简单来说，就是用户在不同（流量）的使用水量。洗衣机、抽水马桶、洗澡、洗菜、浇花等，各有其不同的使用流量，通过水表时有不同的计量误差。

只有将“水表误差与流量的关系”及“用户用水量与流量的关系”两者相互连接，才能得到真正的“用水计量不准确度”。

按此思路，用以下公式定义水表计量效率：

$$\varepsilon = 1 - V_1 / V \tag{6-1}$$

$$V_1 = V(1 + \int e(q) f(q) \mathrm{d}q) \tag{6-2}$$

$$\varepsilon=\int e(q)f(q)\mathrm{d}q \tag{6-3}$$

式中　　ε——表计量误差；

V——实际供水量；

V_1——计量水量；

$e(q)$——计量误差 - 流量函数；

$f(q)$——累计流量 - 流量分布函数。

在实际计算中，如图 6-1 所示，可将用户在不同流量下的用水量分段，得到累计流量 - 流量频率分布，再将其乘以对应的水表误差，加总起来，得到该用户水表的计量误差。

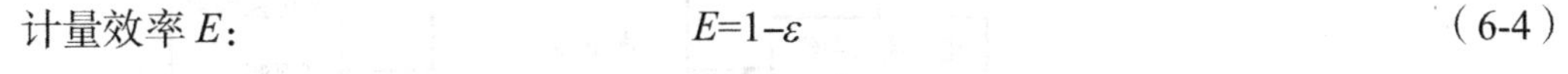

计量效率 E：

$$E=1-\varepsilon \tag{6-4}$$

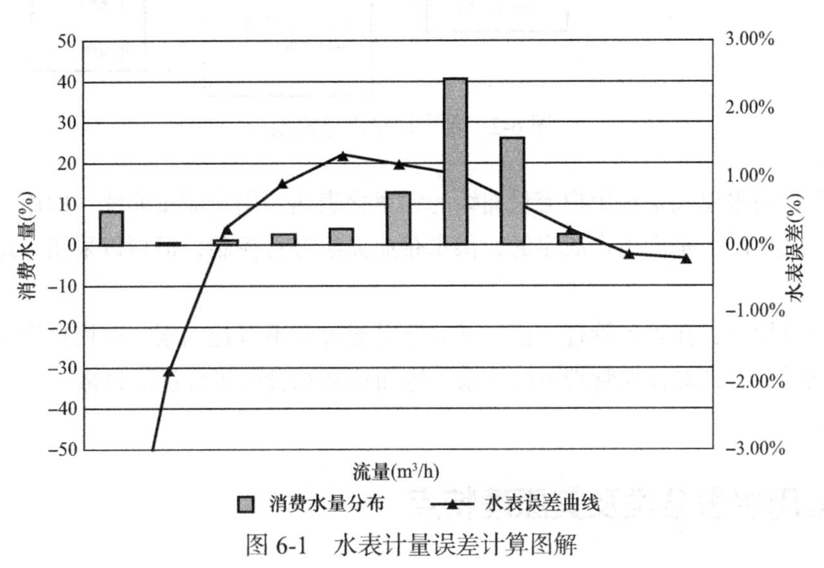

图 6-1　水表计量误差计算图解

6.1.2　水表计量误差的影响因素分析

水表计量误差的影响因素如图 6-2 所示。

说明：

（1）水表计量误差的计算需要综合考虑水表误差曲线和用户用水模式。

（2）主要有三类因素对水表误差曲线产生影响。首先，水表的固有计量特性。关于水表的现行国家标准对计量特性的规定是，水表的最大允许误差在高区（Q_2–Q_4）为 2%，在低区（Q_1–Q_2）为 5%，所以水表的准确度等级是确定的，不同在于量程。水表设计量程由常用流量和量程比决定。其次，安装因素会影响水表误差曲线。因为水表误差标定是在一定的参比条件下测得的，其中，对于水表需要通常直管段“前十后五”，对于使用中水表而言，安装条件经常达不到实验室参比条件的要求，所以实际中水表误差值会与实验室测得的水表误差不一致。第三，使用中因素会改变水表误差曲线。由于水表是一种机械计量表具，其使用中必定产生机械磨损，进而影响到其计量性能，在以上三方面的因素中，水表的固有计量特性是基本因素，安装和使用因素是派生因素。

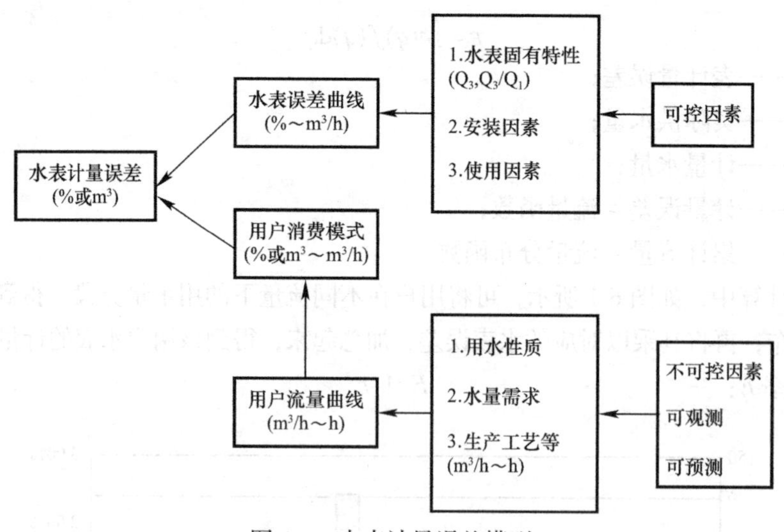

图 6-2　水表计量误差模型

（3）用户用水模式是对用户流量曲线的频率化表达。用户流量曲线，即用户流量随时间的变化，其本质上是由用户决定的，供水企业无法进行控制，但可以采用一定的手段监测得到。

水表计量模型，在表务管理方面，其思路是通过对不可控因素——用户用水曲线进行观测和预测后，有针对性地管理可控因素，进而达到水量准确计量的目标。

6.2　常用水表分类及其原理特点

根据水表的工作原理和组成结构，水表一般可分为机械式水表和电子式水表。机械式水表按测量原理分为速度式水表和容积式水表。电子式水表常用的是电磁水表和超声波水表。

1. 螺翼式水表

螺翼式水表属于机械表的一种，是一种速度式水表，测量装置是围绕流动轴线转动的螺翼式转子。螺翼式水表可分为水平螺翼式水表和垂直螺翼式水表。

（1）水平螺翼式水表

水平螺翼式水表（如图 6-3 所示）的螺翼轴线与供水管道轴线水平。结构简单，流通能力比大，压力损失小；但灵敏度不高，始动流量大，安装和直管段要求严格。水平螺翼式水表一般适用于口径 50mm 以上、用水量较大的管道计量，也适用于农用灌溉用水和其他水利方面的计量，因此国内的大部分工业用水都使用水平旋翼式水表。

（2）垂直螺翼式水表

垂直螺翼式水表（如图 6-4 所示）的螺翼轴线与供水管道轴线垂直。垂直螺翼式水表的小流量计量能力优于水平螺翼式水表。

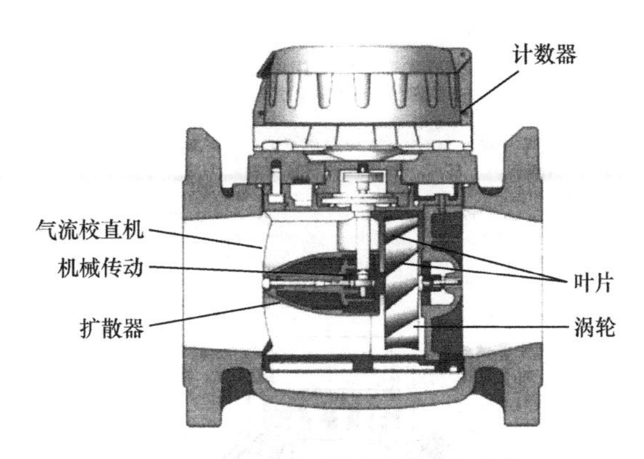

图 6-3　水平螺翼式水表剖面图

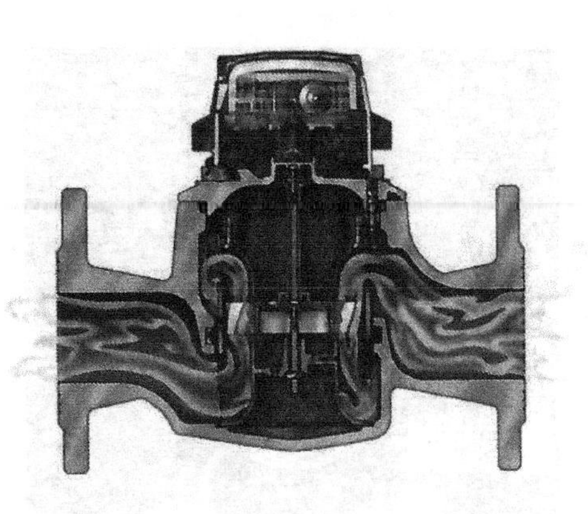

图 6-4　垂直螺翼式水表剖面图

2. 旋翼式水表

旋翼式水表可分为单流束水表和多流束水表。

（1）单流束水表

当水流通过单流束水表（如图 6-5、图 6-6 所示）时，仅有一束水流驱动叶轮旋转。单流束水表在所有品种水表中，属于结构最简单、体积最小、重量最轻、成本最低的一种。

图 6-5　单流束水表

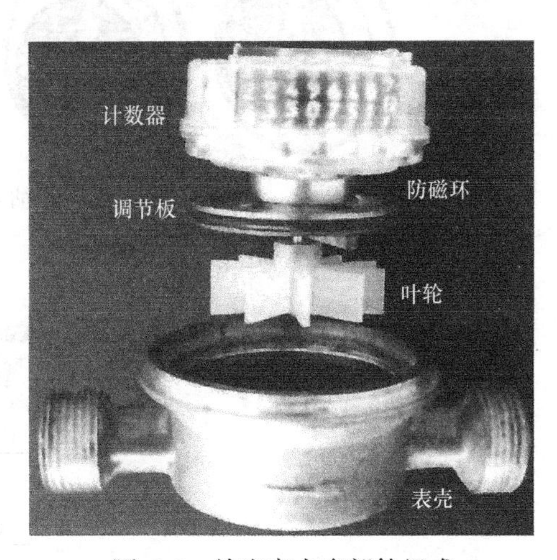

图 6-6　单流束水表部件组成

（2）多流束水表

多流束水表（如图 6-7、图 6-8 所示）是通过叶轮盒的分配作用，将多束水流从叶轮盒的进口切向冲击叶轮，使得水流对叶轮的轴向冲击得到平衡，减少叶轮支承的磨损，从结构上减少了水表安装和水垢对水表误差的影响。

3. 容积式水表

容积式水表测量的是经过水表的实际流体的体积。常用的有旋转活塞式（见图 6-9、图 6-10），容积式水表量程较速度式水表要大。

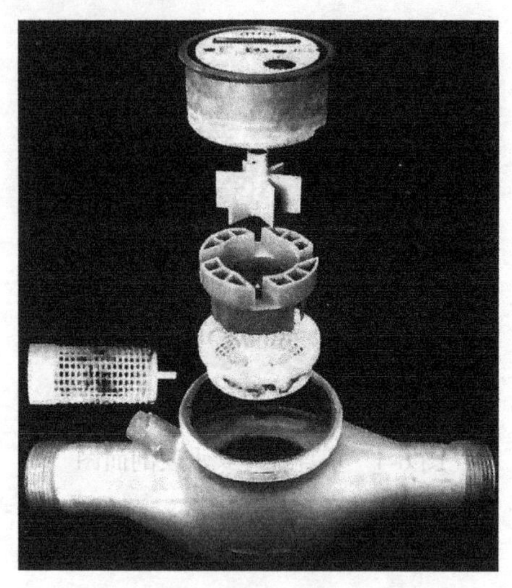

图 6-7　多流束水表构成部件

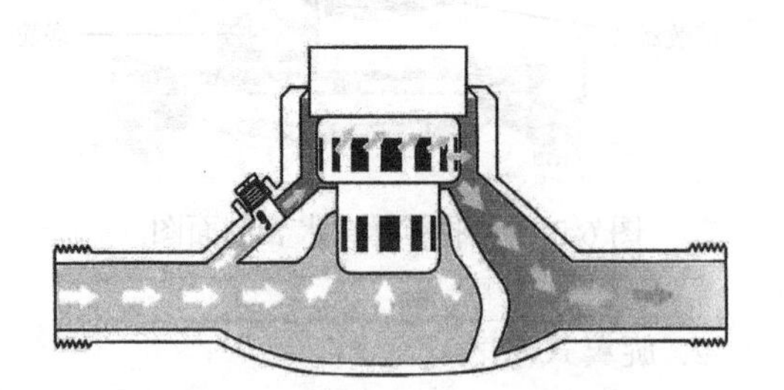

图 6-8　多流束水表内部水流

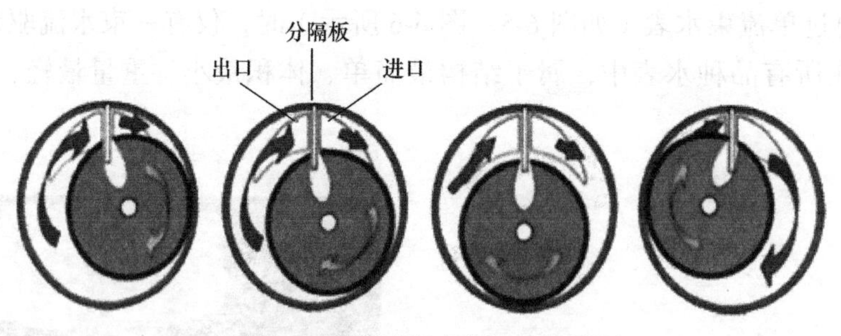

图 6-9　旋转活塞式水表工作原理

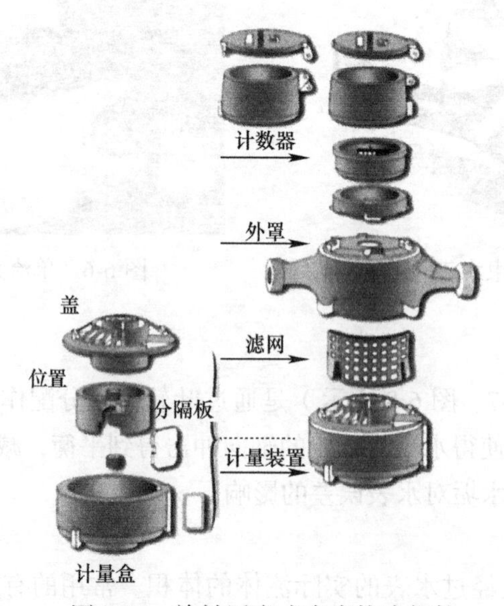

图 6-10　旋转活塞式水表构成部件

4. 电磁水表

电磁水表是以法拉第电磁感应原理设计而成，如图 6-11 所示。电磁水表在管道上下各装一个线圈，通电时产生垂直的电磁线，当导电的液体在管道中流动时，做切割电磁线运动，此时水平两边的两个电极就可以收到随流速变化的感应电动势，电动势与流速成正比，按此原理测量管道流速。

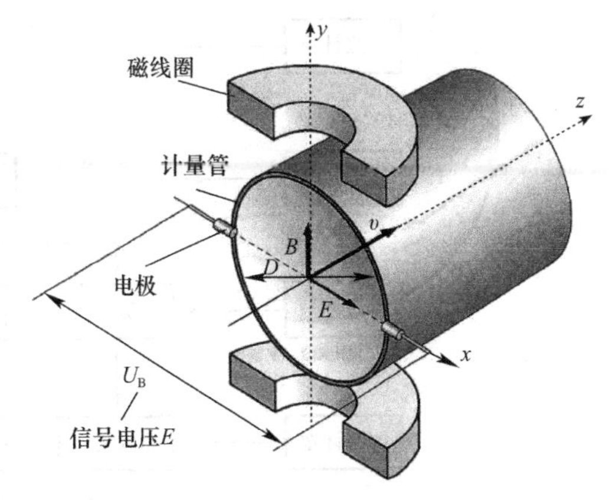

图 6-11　电磁流量计示意图

5. 超声水表

超声水表利用超声波在流体中的传播特性来测量流量，原理为测量声波在流动介质中传播的时间与流量关系，如图 6-12 所示。通常认为声波在流体中的实际传播速度是由介质静止状态下声波的传播速度（c_f）和流体轴向平均流速（v_m）在声波传播方向上的分量组成。

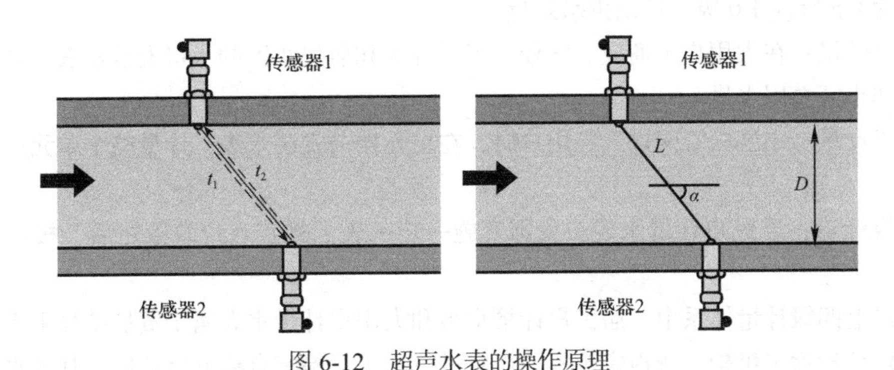

图 6-12　超声水表的操作原理

6.3　常用水表国内使用状况

在长期的使用实践中，由于使用习惯、水质条件、制造商、水价等因素的综合作用，我国大部分供水企业 *DN*15～*DN*25 小口径居民水表一般选用多流束旋翼水表；*DN*40～*DN*50 商用水表，多使用多流束旋翼水表，部分使用垂直螺翼式水表；*DN*80～*DN*150 水表，以螺翼式水表为主。近年来，电子式水表使用量在逐步加大。

6.3.1　计量体系

城镇净水厂的出水经过输配水管网系统输入给不同类型的用户消费，一般供水企业会在出厂处、大水量用户入口、居民用户入口及特定的区域入口处安装不同类型的水表或流量计对用水量进行记录，由此构成完整的供水计量体系。

根据目前我国供水管网水量计量节点的安排，一般将管网水量计量分为四级，具体如图 6-13 所示。

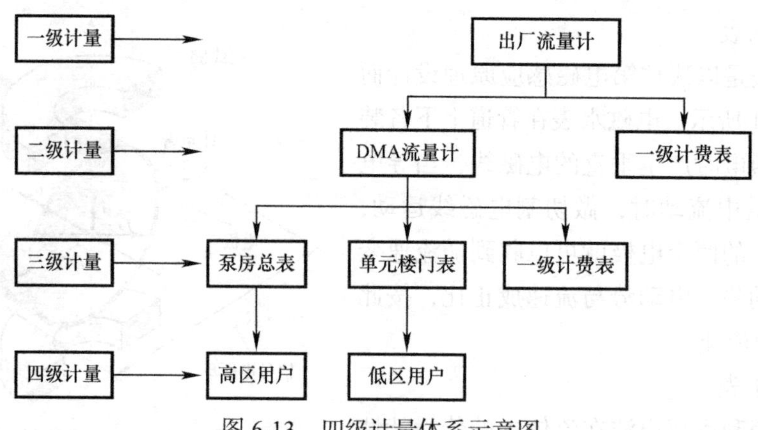

图 6-13　四级计量体系示意图

四级计量中各级含义介绍如下：

一级计量：在水厂出水及供水企业供水边界安装的电磁流量计或超声波流量计，准确度一般为 0.5 级或 1.0 级，计量供水总量。

二级计量：在大用户（商业、学校、工厂等）和居民小区的入口安装水表，计量大用户消费和小区总用水量。

三级计量：小区内管网进入各用户时，在单元楼前安装水表，计量整个单元楼的总用水量。

四级计量：居民户计量水表。我国实施一户一表、抄表入户政策之后，按户计量及收费。

在以上四级计量体系中，居民户计量水表和大用户计量水表属于贸易结算水表，需要委托法定计量检定机构，按检定规程的规定进行检定，检定合格方可使用。其他水表，性质上属于供水企业内部管理的考核用表，无强制检定要求。

另外，供水企业可根据水表的类型和使用状况等情况，定期抽样测试和校准，掌握计量资产的误差情况，制定改进措施，优化计量资产。

6.3.2　水表标准、检定与测试

现行国家标准《饮用冷水水表和热水水表　第 1 部分：计量要求和技术要求》GB/T 778.1—2018，规定了水表的计量要求和技术要求、实验方法和安装要求、水表的设计、制造和使用应遵循该标准的要求。

对于贸易结算水表，还应按照国家市场监督管理局对于贸易结算水表的管理规定，委托法定计量检定机构，按现行行业标准《饮用冷水水表检定规程》JJG 162—2019 检定，合格方可使用。

因水表会在使用过程中，因安装条件、使用工况、自然老化等原因，计量特性发生改变，供水企业应制定适当的方法和流程对在用水表进行测试，跟踪水表的计量状况，评估在用水表的计量误差，并制定相应的控制措施。

6.3.3 选型

从计量角度看，水表（流量计）在供水系统中完成供水供水量输送和分配。选型应从计量准确度、稳定性和经济性角度进行综合考虑，选择合适的水表和流量计，一般应考虑以下因素：

（1）计量器具的流量特性与实际运行流量适配；

（2）准确度等级；

（3）水质因素；

（4）环境条件；

（5）水压条件；

（6）安装条件；

（7）抄表方式；

（8）技术经济比较。

不同使用场景下水表（流量计）的选型参考见表 6-1。

不同使用场景下水表（流量计）的选型　　表6-1

类型	水厂进厂流量计	水厂出厂流量计	区域计量流量计	DMA水表	工、商业大口径水表	居民用户水表
用途	贸易结算	内部管理、考核	内部管理、考核	内部管理、考核	贸易结算	贸易结算
流场特点	平均流量大，流量波动小，流量连续	平均流量较大，流量波动较小，流量连续	平均流量较大，流量波动较小，流量连续	平均流量中等，流量波动中等，流量连续	平均流量中等，流量波动中等，流量连续或断续	平均流量小，流量波动大，间歇流
安装条件	安装位置位于厂内，安装条件好	安装位置位于厂内，安装条件好	安装位置在片区管理的边界，安装条件一般较差（不易保证直管段）	安装位置在片区管理的边界，安装条件中等	安装位置在用户红线附近，安装条件较好	安装条件较好
适宜的水表（流量计）	管段式电磁流量计；插入式超声波流量计	管段式电磁流量计；插入式超声波流量计	插入式超声波流量计	机械式螺翼水表；电磁或超声水表	机械式螺翼水表；电磁或超声水表	机械式旋翼多流水表

6.4 水表管理制度

供水企业应完善水表管理制度，将水表管理纳入规范化管理。制定涉及人员、设备、检定过程、水表等方面具有较强可操作性和适用性的水表管理制度，使水表管理工作有章可循、有据可依，有效预防事故，保障产品质量，为企业实现规范化、精细化管理奠定基础，提供保障。完整的水表管理网络、完善的水表管理制度，是水表管理纳入规范化管理的首要途径。

水表综合信息管理系统介绍如下：

（1）水表库存管理

从新建水表信息开始，水表入库、水表维修、水表检定、水表移库、水表安装在线、水表周期更换、水表故障更换等直至水表报废，对水表生命周期的每一步进行相对固化的有效管理。

（2）水表检定

记录水表的检定结果（首次检定、后续检定、使用中检验），并对其数据进行管理，将每一次的检定记录都录入到系统中。

（3）水表周期管理

根据水表检定规程的水表检定周期要求，制定周检水表的更换计划，根据周检水表计划开展周检水表更换工作。

（4）水表现场检测

通过每月抄表数据筛选，对符合要求的水表进行在线检测。

（5）水表追踪管理

通过水表库存管理对出库未安装在线的水表进行统计。

（6）特殊水表管理

对无线水表、大用户远传水表、监控水表在系统内的服务点进行标识，并可以对其进行相应的管理区分。

（7）水表监督管理

对水表库存信息、特殊水表管理、水表周期管理、水表追踪管理、水表现场检测、水表检定生成相应操作日志，显示所有操作员的历史操作记录。

（8）水表（流量计）动态管理

为保障水表（流量计）在整个生命周期内计量的准确性，需要对水表进行动态管理，主要有以下三方面内容：

① 故障水表的发现、甄别和更换（维修）：无论是机械还是电子式水表（流量计），因自身设计、制造等及使用条件等原因，不可避免会发生故障，影响供水量计量的准确性，需要在水表管理中引入动态管理的机制。对人工抄读水表（流量计）而言，需要对每期抄读数据进行分析，结合现场复核，定位故障水表并进行相应处理；对智能水表，管理系统中也应建立适当的故障水表自动甄别功能。

② 水表计量性能的跟踪和改进：水表（流量计）计量特性会随使用年限、计量水量等因素发生改变，这种变化是缓慢而渐近的。对流量计，一般通过在线校准方法定期校准；对水表，每年对在役的水表，针对其品牌、型号、口径，根据使用年限和累计行度，按照一定的比例抽样检测，动态掌握在役水表（流量计）的计量性能，不断优化水表（流量计）的选型。

③ 水表（流量计）计量工况的跟踪：水表（流量计）的计量准确性和水表本身的计量特性和管道流量（流速）有关，需要二者匹配适当，才能保证计量的准确度，并通过智

能水表运行数据分析，掌握水表的计量效率、优化配型，保障计量的准确性。

6.5 应用案例

6.5.1 X市居民小口径水表消费模式的测量和安装影响研究

1. 研究思路

X市居民用户使用*DN*15旋翼式多流束水表。在当地税务集团的售水量构成中，居民消费用水量占总水量的15%左右，水表数占总水表数的85%。其特点是数量占比大、水量占比小。

通常的居民用水量消耗在洗衣服、冲马桶、洗澡、洗菜、浇花等方面。从流量曲线上看，单户居民用水的特点是在时间上不连续、时变化系数较大，但是对于大量居民用水的集合，在统计上表现出较强的规律性。

对于居民水表的计量误差分析而言，在确定用户消费模式这一因素时，可以选取有代表性的样本，测量出统计意义上的用户平均用水消费柱状图，作为分析用户消费模式的基础。在考虑水表误差的影响因素时，也可以从统计角度，分别考虑水表固有计量特性、安装条件和使用情况三类因素的影响，计算每一类因素的影响程度，最终合成出对水表计量误差总的影响程度。

根据上述思路，进行了*DN*15居民水表计量误差分析研究。

2. 抽样和测量设备

以A和B两个小区为例，进行X市居民小口径水表消费模式的测量。A小区共有343个用户，其中居民用户313户；B小区共有2513个用户，其中居民用户2435户。

对于居民小口径水表消费模式的测量，因设备和人力资源的限制，采用抽样的方法，根据用户的月均消费水量进行抽样（见表6-2），尽量使样本与总体的月均消费水量值及标准偏差一致。

居民样本水表与总体的对比　　表6-2

	月均消费水量（m^3）	标准差（m^3）
A小区居民总体（313户）	14.1	9.309
A小区居民样本（25户）	15.4	8.433
B小区居民总体（2435户）	18.0	11.271
B小区居民样本（54户）	18.1	9.176

表6-2的数据说明，该次研究居民选取样本基本与总体相符。

对于用户瞬时流量的测量，使用一套检测仪（一只C级或D级水表+一只脉冲输出装置+一只脉冲记录仪）与所选的在用水表串联起来，准确测量用户的用水曲线，如图6-14所示。

图 6-14　水表检测仪

3. 居民用户用水模式

通过对 A 小区和 B 小区两个小区 79 个样本进行实测，得到经标准表误差修正后的平均用水消费数据，见表 6-3。

根据表 6-3 数据，可绘制居民样本用户用水消费柱状图，如图 6-15 所示。

样本用户平均用水消费数据　　表6-3

L/h	4	6	8	10	14	17	23	30	75	120
水（L/d）	23	6	3	7	7	5	12	24	26	33
百分比	4%	1%	1%	1%	1%	1%	2%	5%	5%	6%
L/h	150	300	500	700	1250	1500	1900	合计		
水量（L/d）	26	134	132	76	4	0	0	518		
百分比	5%	26%	25%	15%	1%	0%	0%	100%		

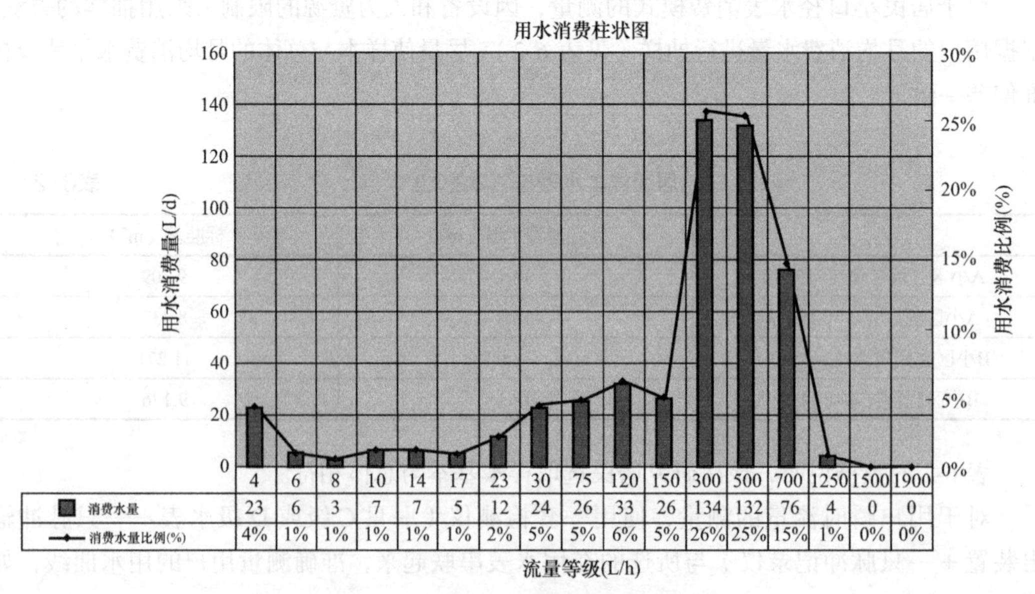

图 6-15　样本居民用水消费柱状图

本次测得的居民样本用户的平均日消费水量为 518L/(户·d)，折算为月度消费水量平均为 15.8m³/(户·月)。

4. 水表误差分析

(1) 水表固有计量特性的影响

水表固有计量特性，是指水表的误差限和量程。在水表计量规程中，误差限是给定的，因此量程是否适应居民用水模式，是决定居民水表计量误差的基本因素。

X 市水务集团的居民水表，采用某水表厂的旋翼式多流束水表，其标称量程为 30～3000L/h，实际量程 15～3000L/h，能保证居民用水量的 89%～92% 得到准确计量。基本能满足目前居民水价水平下对水量计量的需求。

(2) 安装条件的影响

1) 水平轴倾斜对旋翼式多流表误差曲线的影响。由于水表安装条件的限制，为方便水表抄读，很多居民水表在安装时水平倾斜了一定角度（如图 6-16 所示）。通过以下实验研究倾斜安装是否会对其计量误差产生影响：

① 选择 5 只水表，行度分别为 0m、0～100m³、100～500m³、500～1000m³ 和大于 1000m³。以上行度值基本代表了居民水表寿命期内的不同磨损程度。

② 用校验台校准测量 5 只水表的在 0°、15°、30° 和 45° 时的误差曲线，共得到 20 组数据。

③ 将 5 只不同底度水表在各选择安装角度的误差值进行平均后，即消除水表底度的影响。得到与不同倾斜角度有关的 4 组数据，误差曲线如图 6-17 所示。

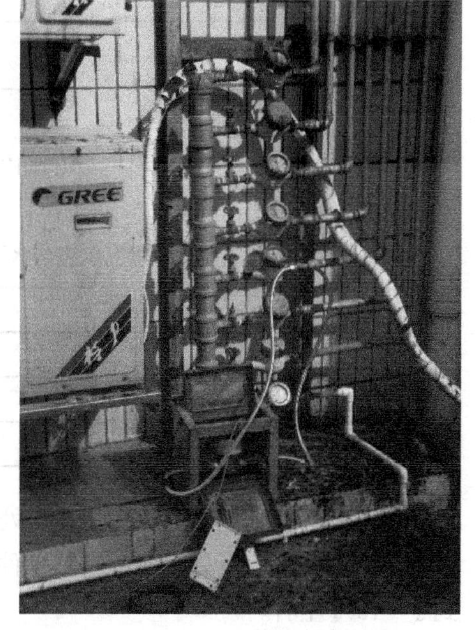

图 6-16 A 小区水表倾斜安装

从图 6-17 水表误差曲线可以看出，安装角度不同时：

① 分界流量 Q_t 以上流量点的误差差别很小；

② 在分界流量 Q_t 和最小流量 Q_{min} 之间，水表在各安装角度误差的不同渐趋明显；

③ 而在最小流量 Q_{min} 以下，不同安装角度的误差在相同流量点处有了很大的差别。安装角度越大，水表的误差偏负越严重。

为定量分析水表安装角度的影响，在 1500L/h、120L/h、30L/h 和 14L/h 四个关键流量点对不同安装角度的水表的误差进行残差（安装水表与水平安装水表误差值之间的差值）分析。结果见表 6-4。

从表 6-4 的误差数据残差分析可以看出，在常用流量处，安装角度对水表误差的影响不大，即使安装角度倾斜到 45°，与水平安装水表的差别也不足 -0.5%。

在分界流量处，各种安装条件水表与水平安装水表误差之间的残差随安装倾角增加逐

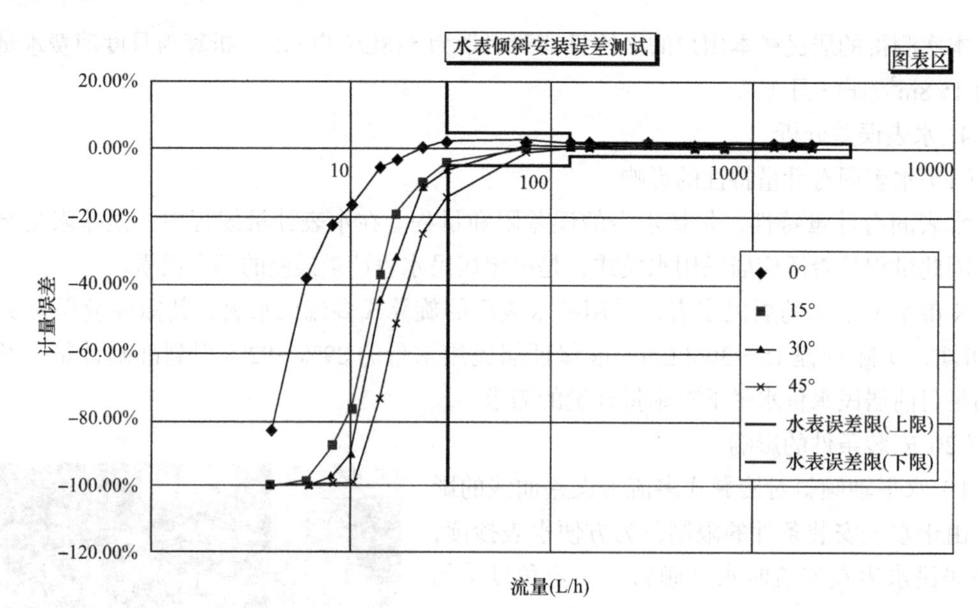

图 6-17 水表倾斜安装误差

各安装角度水表与水平安装水表误差之间的残差分析 表6-4

	1500L/h	120L/h	30L/h	14L/h
15° 残差	-0.17%	-1.26%	-6.28%	-33.13%
30° 残差	-0.16%	-1.44%	-8.40%	-39.55%
45° 残差	-0.42%	-2.28%	-16.60%	-69.15%

渐增大。但即便如此，各倾斜流量点处的误差仍处于可控范围之内。

而到了最小流量处，各种安装条件水表与水平安装水表误差之间的残差显著增加，达到了 -10% 左右。

在 1/2 最小流量点处，上述残差达到了 -30% 以上。从以上的分析可以得出结论，安装角度对水表产生的误差有比较大的负面影响，这种影响在小流量处尤其明显。

2）原因分析。旋翼式水表倾斜安装引起误差偏负的原因可以从旋翼式水表的结构进行分析，如图 6-18 所示。

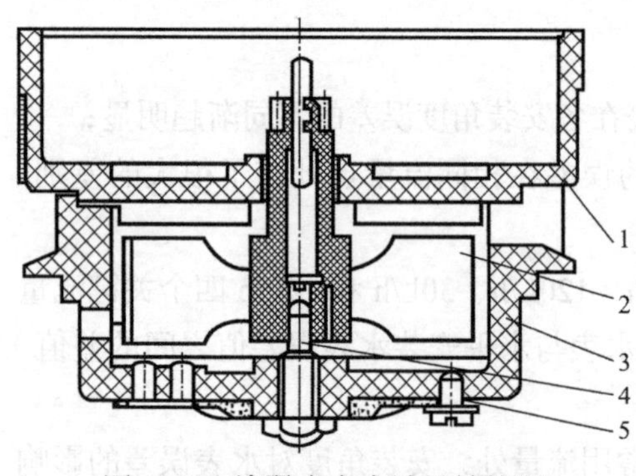

图 6-18 旋翼式水表计量结构图

1- 齿轮盒；2- 整体叶轮；3- 叶轮盒；4- 顶尖；5- 调节板

旋翼式水表的计量机构主要由图 6-18 所示的几个部件构成。要保证对通过水表的水量精确计量，需要各个部件精确定位。质量好的旋翼式水表，不论是叶轮盒上部内孔与顶尖之间，还是叶轮上端的轴与下部的叶轮衬套孔之间，均要求具有良好的同轴度，而这只有在水表水平安装的时候才能得到保证。如果水表倾斜安装的话，上述要求就无法得到满足。会造成顶尖和叶轮轴之间、叶轮轴和叶轮盒之间的摩擦力增大，导致叶轮在小流量时难以驱动，表现为误差偏负，而在流量较大时，影响相对较小。

3）安装倾斜因素对收入的影响评估。上述影响到底有多大，结合用户的平均用水消费柱状图数据进行计算。计算结果见表 6-5。

倾斜安装水表计量效率综合分析　　表6-5

	真实水量（L/h）	0°	15°	30°	45°
计量水量（L/h）	518	503	481	478	469
计量误差（%）	0	–2.93	–7.15	–7.74	–9.39

根据 2008 年 X 市居民消费水量数据，*DN*15 水表计量的水量约为 $6700 \times 10^4 m^3$。假定 0°、15°、30° 和 45° 安装的水表在深圳居民用户中各占 25%，则估算水表计量误差为：$6700 \times [(-2.93\%-7.15\%-7.74\%-9.39\%)/4]=456 \times 10^4 m^3$。

如能保证水平安装，则水表计量误差为 2.9%，折算后导致的水损约 $194 \times 10^4 m^3$。这样就可以推算出安装因素的贡献约为 $456-194=262 \times 10^4 m^3$。

按 X 市居民综合水价 2.71 元 /m^3 进行计算，倾斜安装水表每年会造成水费流失约 710 万元。考虑模型误差及数据近似处理等的最不利影响，至少造成的水费流失为 300 万元以上。

由居民水表倾斜安装造成的水损是可控的，保证居民水表水平安装，可以有效地提高供水回收率。由于水表倾斜主要是因方便水表抄读引起，所以有必要修改现行的水表安装规范，增加水表之间的距离，以方便水表的读取和计费工作。

（3）使用情况的研究方法

水表在使用中，不可避免会产生磨损，进而导致水表误差的改变，对磨损因素的影响研究，可以从归纳和演绎两个方面来进行：

归纳法：即抽取不同安装年限和行度的水表，测量其误差曲线，看不同的使用情况下对误差曲线的影响。

演绎法：准备一定数量的新表，作磨损试验，测量不同行度下误差变化情况。两种方法可同步进行，数据可相互印证，以掌握使用情况的影响。

6.5.2 水表计量误差测量在水平衡表编制中的应用

某供水企业供水服务面积约为 $15km^2$，供水人口约 30 万人。设计供水能力为 170 万 m^3/ 月，安装电磁流量计计量供水量。管网总长度为 161km。水表共计 18588 块，在销售水量中，工商业用户用水量占比约 30%，居民用水量占比约 70%。在产销差方面，2014 年的供水量 93 万 m^3/ 月、售水量 77 万 m^3/ 月、产销差水量为 16 万 m^3/ 月，产销差率为 16.9%。

在漏损控制的设计上，通过编制水量平衡表，对漏损水量进行评估，确定漏损属性，并制定漏损控制策略是漏损控制的先行和基础工作。由于在实际操作中很难对物理漏损进行准确测量，要先对表观漏损水量进行评测，然后再推算真实漏失水量。

本项目通过出厂水流量计的校准与水表计量效率评估。修正供水系统的供水量，通过水表计量效率评估，确定用水表的计量误差。测试结果如下：

（1）流量计在线校准：采用清水池容积法对流量计进行校准，误差为 +2.7%；

（2）水表计量效率评估：抽取了 85 块样本水表进行水表计量效率评估，结果详见表 6-6。

水表计量效率评测　表6-6

口径	DN15	DN20	DN25	DN40	DN50	DN80	DN100	DN150
计量效率（%）	100.70	99.70	99.80	99.70	97.90	92.60	98.80	100
小口径计量效率：100.1%				中大口径计量效率：98.3%				
综合计量效率（%）	99.10							
占总水量比重（%）	15.70	15.90	5.10	3.50%	7.10	7.70	19.70	19.20
改进重要性级别	C	B	C	C	A–	A+	A	B+

（3）表观漏损、真实漏失分离和量化

根据 2014 年的水量数据，对表观漏损和真实漏失进行分离、量化，在水量平衡表的核算过程中，通过在用表计量效率评测结果，可以了解水表计量误差情况。通过水表资料的统一审查与现场抽查，未发现账册漏损和抄读漏损。在非法用水方面，很难通过有效方法核定水量，因此假定非法用水量为 0。通过上述工作，可以先评测出表观漏损水量，在此基础上推算出真实漏失水量，见表 6-7。

2014年漏损量化情况　表6-7

	漏损量
总表计量水量（供水量）	11195528m^3
分表计量水量（售水量）	9302335m^3
无收益水量	1893193m^3
漏损率	16.9%（注：出厂水流量计更换后数据）
总表标准计量水量（消差）	（11195528m^3/102.7%）=10901196m^3
标准无收益水量（消差）	10901196m^3–9302335m^3=1598861m^3
漏损率（消差）	14.7%
表观漏损	9302335m^3/99.1%–9302335m^3≈84481m^3
真实漏失	1598861m^3–84481m^3=1514380m^3

将表观漏损和真实漏失分离、量化结果表明：表观漏损 ≈84481m^3/ 年、表观漏损率 ≈ 0.8%；真实漏失 ≈1514380m^3/ 年、真实漏失率 ≈13.9%；

通过对表观漏损和真实漏失的分离、量化，可知在漏损水量中，真实漏失的比重很大。因此，漏损行动策略应以处理真实漏失为主。

7 供水管网分区计量管理

7.1 分区计量管理的意义

有效降低供水产销差是供水企业运营中一项非常重要的工作。国务院颁布的“水十条”中要求，“到 2020 年，全国公共供水管网漏损率控制在 10% 以内”以及《国民经济和社会发展第十三个五年规划纲要》(以下简称《纲要》) 提出了要求后，建立有效的供水管网管理体系已成为供水企业需要加快建设的工作。

作为供水企业，管网运营中的传统工作方式主要是通过强化工程质量管理，加强检漏工作和表务管理来实现的。由于这些控制措施在技术层面较成熟，但又分属在各自独立的业务部门中进行计划和管理，使这些漏损控制措施很难在供水企业中取得更大突破，也很难通过整体规划实现可持续的漏损管理体系，所以借助分区计量技术形成一套完整有效的漏损管理思路非常有意义。

管网漏损是多种因素共同作用的结果，在供水企业中漏损控制涉及许多部门，所有相关部门共同努力才能实现有效的漏损控制。到目前为止，没有任何一种技术或方法可以整体降低管网漏损，管网漏损的工作必须深入到产生漏损的各个业务环节中，这是一项细致而庞杂的工作，也必须以长期可持续的方式进行设计、规划和实施。

在传统的供水系统管理模式下，控制漏损过程中的各相关部门均不直接负责总体目标，业务层面的漏损控制工作缺乏明确的责任主体，在区域上整体供水管网又过大，不能充分利用供水企业的管理格局，所以可以从区域和业务部门这种垂直和水平相结合的角度划分管理格局，以区域为横向管理，以业务为纵向归口管理，形成一整套的管理体系。在以区域为横向管理的过程中，必须明确每个目标区域的责任主体，较小的目标区域才能有效地实现漏损管控工作。

所以，基于分区计量技术建立起来的漏损管理体系在管理上会使漏损控制的责任更加明确，在技术上能实现基于标准化的工作流程，这两者的结合会使供水企业在漏损管理和控制方面得到快速提升。

7.2 分区计量规划建设

7.2.1 分区计量建设标准

分区计量管理的定义：分区计量管理是指将整个城镇公共供水管网划分成若干个供水

区域，进行流量、压力、水质和漏点监测，实现供水管网漏损分区量化及有效控制的精细化管理模式。

分区计量管理的内涵：分区计量管理将供水管网划分为逐级嵌套的多级分区，形成涵盖出厂计量－各级分区计量－用户计量的管网流量计量传递体系。通过监测和分析各分区的流量变化规律，评价管网漏损并及时作出反馈，将管网漏损监测、控制工作及其管理责任分解到各分区，实现供水的网格化、精细化管理。

分区划分：分区划分应综合考虑行政区划、自然条件、管网运行特征、供水管理需求等多方面因素，并尽量降低对管网正常运行的干扰。其中，自然条件包括：河道、铁路、湖泊等物理边界、地形地势等；管网运行特征包括：水厂分布及其供水范围、压力分布、用户用水特征等；供水管理需求包括：营销管理、二次供水管理、老旧管网改造等。

分区级别：分区级别应根据供水企业的管理层级及范围确定。分区级别越多，管网管理越精细，但成本也越高。一般情况下，最高一级分区宜为各供水营业或管网分公司管理区域，中间级分区宜为营业管理区内分区，一级和中间级分区为区域计量区，最低一级分区宜为独立计量区（即 DMA 分区）。

管网分区计量管理示意如图 7-1 所示。该管网采用了三级分区计量管理模式，包含 2 个一级分区、5 个二级分区、若干个三级分区，其中三级分区为 DMA。

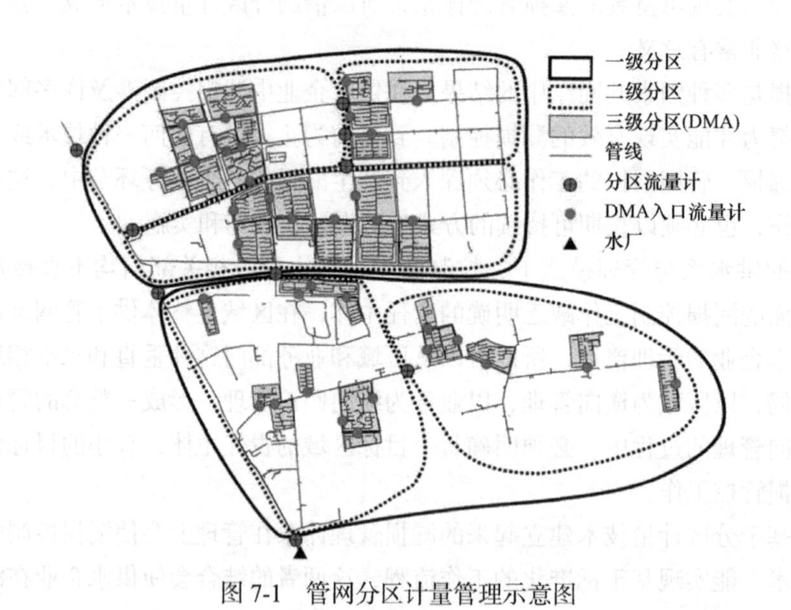

图 7-1　管网分区计量管理示意图

1. DMA 的定义

DMA 是独立计量区 District Metered Area 首字母缩写。2019 年 IWA 漏损控制专家组给出的最新定义为：独立计量区是配水管网的一部分，通常是把部分边界阀门关闭（一般是永久性关闭），通过一个或多个流量计来监测区域的用水量，进而管理漏失，如图 7-2 所示。

流入和流出一个 DMA 的流量可以用多个 DMA 流量计监控。所有与这个 DMA 边界

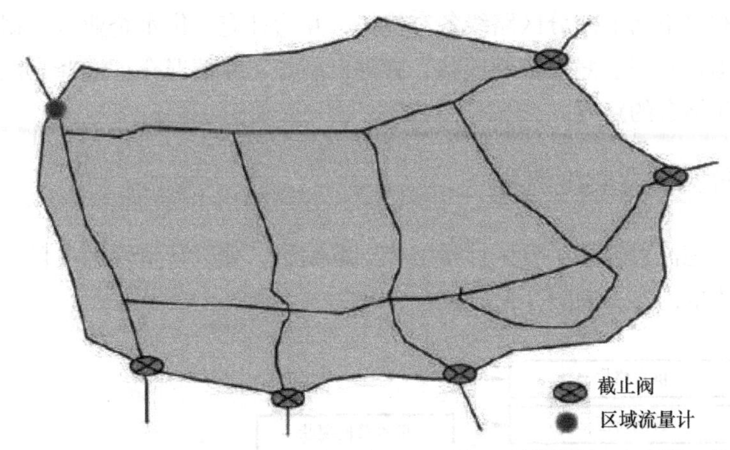

图 7-2 一个分区计量区域（DMA）的示意图（来源：D Pearson）

有联系、但无计量的连接管都必须关闭。

对于 DMA 的规模大小没有固定的原则。如果 DMA 过小，则监测（水表、信号发射器、流量记录仪）和分析成本就会比较高；如果太大，则会降低其对漏失的分辨能力。通常建议一个 DMA 管网长度在 6～10km，户数在 500～2500 户。

DMA 边界选择应尽量利用自然的水力边界，以减少计量仪表的数量。在可能的情况下，DMA 分区时应将居民用户和工业 / 商业区分开。分区边界也应尽量沿着区域的等高线设计，最大限度地减小 DMA 中的地势高差，从而利于压力管理。

2. 子 DMA

子 DMA 是在 DMA 内为了定位突发漏水而设置的监控区块，可以临时性或永久性地关阀、记录子 DMA 的流量。子 DMA 的流量监测可以通过利用车载流量计和一个地面消火栓之间的旁通管临时开展。这些子 DMA 之前被称为漏水区或漏失控制区。

3. 分区计量管理与漏损管控的关系

分区计量管理是提高供水管网漏损控制效率的先进技术与管理手段。通过分区计量管理，建成覆盖全部管网的流量计量传递体系，进行水平衡分析，评估各区域内管网漏损状况，有效识别管网漏损严重区域和漏损构成，科学指导开展管网漏损控制作业，实现精准控漏，提高漏损控制效率。在推进分区计量管理的同时，常规管网漏水检测、管网维护更新等漏损控制措施也应同步开展。

分区计量管理的高覆盖率是成功的关键。这是因为单一的分区对整体漏损量的降低贡献是很小的，所以覆盖率是解决问题的总量基础。同时，在大范围实践分区计量管理时，做好每一个分区的建设和管理，这是管理见效的基础。

7.2.2 分区计量管理技术路线

分区计量管理有以下两种基本实施路线：

（1）由最高一级分区到最低一级分区逐级细化的实施路线，即自上而下的分区路线；

（2）由最低一级分区到最高一级分区逐级外扩的实施路线，即自下而上的分区路线。

自上而下和自下而上的分区路线各有优势，互为补充。供水企业可根据供水格局、供水管网特征、运行状态、漏损控制现状、管理机制等实际情况合理选择，也可以根据具体情况采用两者相结合的路线。

7.2.3 分区计量实施流程

分区计量实施流程包括了分区计量实施方案编制、分区计量管理项目建设、分区计量运维管理三个主要内容（如图 7-3 所示）。

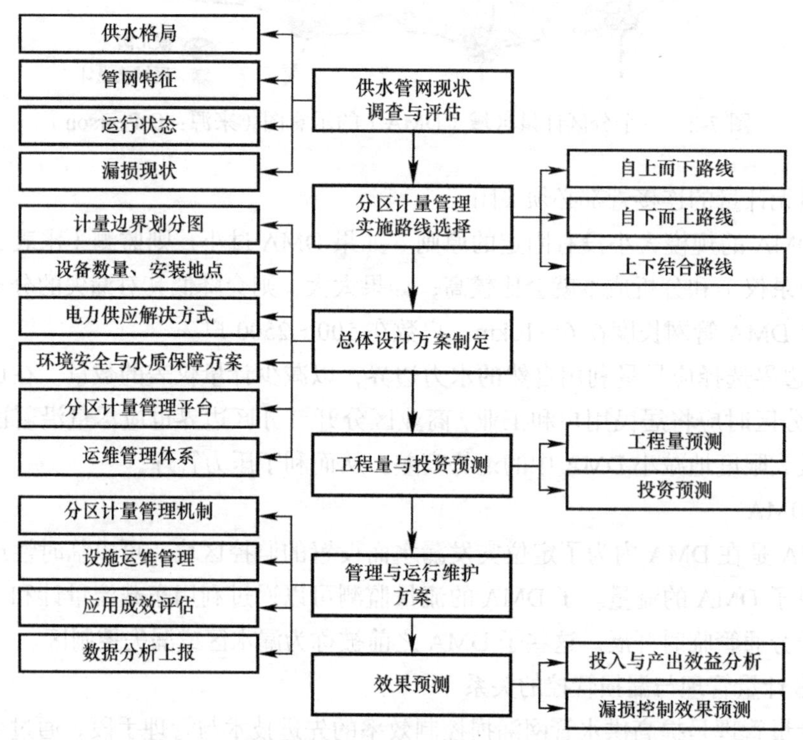

图 7-3 分区计量管理实施方案编制流程路线图

1. 分区计量实施方案编制

通过供水管网现状调查，系统分析供水格局、供水管网特征、管网运行状态、漏损控制现状等基础信息，综合考虑管理、成本等因素，编制城镇供水管网分区计量管理实施方案。

管网分区计量管理实施方案应包括现状调查与分析、分区计量管理实施路线、总体设计方案、工程量与投资预测、管理与运行维护方案和效果预测。

（1）供水管网现状调查与评估

供水管网现状调查与评估是确定分区计量管理实施路线、制定实施方案的工作基础，主要包括供水格局、管网特征、运行状态、漏损现状等评估内容。

1）供水格局主要包括：水厂位置、供水方式、供水范围、供水规模、二次供水、地形地势等；

2）管网特征主要包括：管网拓扑结构、管网材质、铺设年代、管径和空间分布以及管网地理信息系统（GIS）等；

3）管网运行状态主要包括：流速、流向、水压和用户用水量空间分布等；

4）漏损现状主要包括：管网漏损率、管道漏点监测、漏损控制技术应用现状和相应管理措施等。

（2）实施路线选择

供水企业应按照分区计量管理的基本原则，在供水管网现状调查与评估的基础上，结合供水管理机制，选择技术可行、经济合理的分区计量管理实施路线。

一般情况下，基础资料较完善的管网、拓扑关系简单的管网、以输配水干线漏损为主的管网，宜优先采用自上而下的分区路线。基础资料不完善的管网、拓扑关系复杂的管网、以配水支线漏损为主的管网，宜优先采用自下而上的分区路线。各地也可以根据实际情况，综合采用上述两种分区路线。

（3）总体设计方案制定

总体设计方案应包括供水分区级别确定、边界划分、计量与其他监测设备数量及安装地点、电力供应解决方式、环境安全与水质保障方案、分区计量管理平台设计以及运维管理体系构建以及相关管理措施等内容。

供水管网分区计量总体设计方案，宜以供水管网GIS系统和管网水力模型系统为依托，贯彻“不欠新账，还清老账”的指导方针，结合旧城改造、老旧小区改造、棚户区改造、二次供水设施改造等，因地制宜、科学制定。对于新建管网，应在城镇供水设施建设相关规划和管网施工设计中，统一按分区计量管理模式进行规划设计和建设；对于现状运行管网，应根据分区计量管理实施路线，突出漏损管控重点，工程措施与管理措施相结合，分步推进。

总体设计方案中分区的划分应尽量减少关闭阀门的数量，减小对管网正常运行的干扰和对局部管网水质的影响。

（4）工程量与投资预测

分区计量管理项目实施方案应对工程量、实施周期、项目投资进行预测。

1）项目工程量预测包括：道路开挖、监测设备加装、配套管网设施完善、分区计量管理平台建设等。

2）项目投资预测包括：流量计量设备、压力与水质监测设备、压力调控设备、数据采集与远传设备、必要的管网附属设施等硬件费用；分区计量管理平台开发等软件费用；道路开挖、设备安装、相关管线工程等施工费用；监测设备维修维护、井室维护、电力和通信费、系统运行维护费等日常运行费用。

3）分区计量管理与运行维护方案包括：分区计量管理机制、设施运维管理、分区计量应用、应用成效评估和数据分析上报。

2. 分区计量管理项目建设

（1）项目设计

分区计量管理项目设计包括分区边界划定、监测设备选型、工程施工设计、管理平台设计等。项目设计应符合国家和地方有关标准规范。

1）分区边界划定。分区边界宜以安装流量计量设备为主、关闭阀门为辅的方式划定。根据需要可以在分区边界处设置水质、水压、漏点及高频压力等其他监测项目。鼓励在二次供水设施加装流量计量设备的同时，加装水质监测设备。

对于采取关闭阀门形成分区边界的区域，应加密设置水质、水压监测点、管网冲洗点和排气阀等，保障管网水质和水压安全。

2）监测设备选择。流量计量设备应具备双向计量功能，设备量程、准确度应与管道实际流量相匹配，并结合供水企业实际情况进行设备选型。水压、水质、漏点监测宜选用高可靠性的设备。监测设备应具备可靠的数据远传功能，并应附带接地、抗干扰和防雷击等装置。在有市电情况下，宜优先采用市电，不具备市电条件的，可采用电池供电。

3）工程施工设计。分区计量管理工程施工设计内容包括流量计量、阀门、水质水压监测、数据采集与传输装置等设备，设备安装井室，以及其他水质保障和漏损控制措施等施工设计等，并符合设备安装要求。

分区计量管理工程施工设计应与旧城改造、老旧小区改造、棚户区改造、二次供水设施改造相结合，管网新建与改造相结合，同时满足管网分区计量监测和供水安全保障要求。

4）管理平台设计。分区计量管理平台一般应基于管网 GIS 系统设计，应具备用户数量、用水量、分区进（出）水量、夜间最小流量、水压、水质等数据的存储、统计分析及决策支持功能。分区计量管理平台应加强与调度、收费、表务、二次供水设施管理等其他管网管理系统的数据融合，促进管网运行管理与收费管理相结合。分区计量管理平台应增强数据保密性，保障数据安全可靠，抵御网络攻击。

（2）项目施工

分区计量管理项目的施工包括办理相关施工审批手续，组织完成分区计量管理工程设计所要求的施工内容。施工单位施工时，供水企业应加强施工过程质量监管，确保分区计量项目建设质量，同时应采取必要的保障措施，尽量减少对正常供水的影响。

（3）项目验收

分区计量管理项目施工完成后，供水企业应依法组织工程质量验收、管理平台验收和数据质量验收。对验收中发现的问题应当要求相关责任单位及时整改，整改完毕后重新报验。

1）工程质量验收。工程质量验收包括资料验收和现场验收。

资料验收包括：对图纸、隐蔽工程验收证明、调试记录等竣工资料，以及定位和标高数据等测量资料的验收和 GIS 系统的录入。

现场验收包括：核查各种监测设备、阀门及相关配件安装是否符合设计图纸和相关规范、标准要求，并对资料验收中发现的问题重点核查。

2）管理平台验收。分区计量管理平台建设完毕后，供水企业应根据设计要求对软件功能进行验收。

分区计量管理平台验收应提交的资料包括：软件需求说明书、系统概要设计说明书、软件开发合同、试运行报告、功能测试报告、培训与服务计划、操作与维护手册、系统参数配置说明等。

3）数据质量验收。分区计量管理平台验收完毕后，开展数据质量验收。系统采集各类监测数据应符合实时性、准确性和完整性等相关要求。

3. 分区计量运维管理

（1）管理机制建立

管网分区计量管理系统建成或部分建成后，供水企业应加强运维管理，根据分区计量实施路线、建设规模等实际情况，建立相应的分区计量管理机制和内部绩效考核体系，加强人员培训，明确奖惩和激励措施，建立长效机制。

实行管网漏损、管网运行等经营指标分区管理、定量考核，推行分区责任制管理模式，逐级划清管理边界、落实管理责任、明确工作流程，定期下达漏损控制各项考核指标，实现责任到人。

一级分区责任人，可由各营业所主任或管网分公司经理担任；各分区下级分区责任人，由营业或管网业务能力较强、组织协调能力突出并有较强工作责任心的班组长或骨干员工担任。供水企业要加强分区责任人的组织领导，建立健全工作机制，根据不同分区管网存在的主要问题，对分区责任人实行差异化绩效评价考核。鼓励供水企业对供水管网运行实行独立核算制度，调动控制管网漏损的主动性。

采用合同节水管理或委托第三方进行分区计量及漏损管理的，应建立责任明确、分工明晰、考核激励的管理机制，并明确合同节水目标和收益分享机制。

（2）运行维护管理

供水企业应建立健全分区计量设备设施、管理平台等运维管理制度和相应的内部考核机制，明确工作流程，形成闭环管理，确保分区计量设备设施和管理平台安全稳定运行、数据准确可靠。

1）阀门密闭检查。加强分区隔离关闭阀门的密闭性检查，通过采取零压测试、关阀放水等措施，定期检查，确认关闭阀门的密闭性。

2）设备巡查维护。做好流量、压力、水质、漏点等各类监测或调控设备的定期巡查、故障维护和问题整改等日常运维工作，并建立设备电子管理台账，实行动态管理，确保整个系统设施完好、运行可靠。

3）计量精度比对。加强流量计量、压力和水质等监测设备计量比对，通过自行开展在线比对或委托专业机构离线检定等手段，及时发现计量精度偏差，确保计量数据准确可靠。

4）关联关系核查。定期组织开展分区内供水管线、流量计量设备、用户信息、总分表关系等相互关联关系准确性核查并动态更新，确保流量计量传递体系准确，为精准控漏提供支撑。

5）管理平台维护。落实专人负责分区计量管理平台日常运行维护，确保稳定运行。根据分区计量管理绩效评估提出的改进建议，结合日常应用管理和工作需要，优化完善分区计量管理平台功能，持续提升管理平台技术先进性、实用性。

6）管道冲洗排放。加强分区计量区域内末梢管道水质监管，通过在线监测或人工检测等方法，合理评价管网水质指标，定期开展管道冲洗排放，确保水质安全。

（3）应用成效评估

1）评估指标。评估指标分为一级评估指标和二级评估指标。

一级评估指标包含管网漏损率、管网压力合格率、管网水质合格率、用户服务综合满意率等。

二级评估指标包含基本指标、技术指标、效益指标等，主要表征分区计量项目运行状态、漏损控制措施实施效率和投入产出效益等。

2）评估方法。供水企业每年应对分区计量管理的应用成效进行自评估。自评估一般由绩效考评部门组织完成，对本单位分区计量管理整体应用成效和各分区应用成效进行评估。应重点评估各分区在管网漏损控制、压力调控、水质管理等方面取得的成效、存在的问题，提出改进建议，并反馈分区计量运行维护相关部门予以落实、优化完善。

① 自评估结果应与绩效考核挂钩。供水分区计量管理整体应用成效评估可采取委托第三方机构评估或专家评议法，通过查阅应用成效评估资料和实地考察等方式进行。第三方机构评估法是指由具有工程咨询相关资质条件的第三方机构组织对项目进行评估，并出具相关评估报告的方法。专家评议法是指由供水主管部门组织行业专家在实地考察的基础上，对分区计量应用成效进行集中评议，并出具专家评议结论的方法。评估专家实行利益规避原则。

② 数据分析上报。供水企业应建立健全分区计量管理数据台账，并应根据供水主管部门和统计部门的有关要求，定期上报供水管网漏损相关数据，包括供水总量、注册用户用水量和漏损水量等指标。

③ 长效机制。城镇供水企业应建立分区管理长效机制，完善管理制度和考核办法，加强漏损管控能力建设，配备稳定专职人员，加强专业技术培训；加强检漏装备配置，实行管网定期巡检，强化设备设施维护保养；加强监测数据分析应用，保障监测数据准确有效，发挥供水管网分区计量对漏损管控和供水安全的支撑作用。

7.3 分区计量实施方法

7.3.1 分区方案确定

分区边界的设定通常受到地面高程、地形、道路等边界的限制，同时需要考虑划分区域后不产生死水、积滞水，此外还要尽量利用已有的关闭阀门和流量计设备，降低分区的建设成本。

实施分区管理时，需要遵循以下原则：

（1）尽量减少管网改造，以保证各区域供水管网的完整性和自然边界，边界划分上尽量采用基于流量计的虚拟边界方法。在用于虚拟边界的流量测试方面，要注意流量计的选型应达到双向相同测试精度的要求。

（2）最大化降低计量设备数量，降低项目投资。

（3）区域大小的划分：主要依据供水管网现状和用水分布，并结合实施分区管理改造后的水力模型，分析供水区域水量、水压、水质运行的稳定性；一般情况下，最高一级分区宜为各供水营业或管网分公司管理区域，二级分区宜为营业管理区内分区，一级和二级分区为区域计量区，三级分区宜为独立计量区。

（4）DMA 分区遵循以下原则：

1）一个 DMA 可以有超过一个的 DMA 流量监测点；

2）未安装计量设备的其他边界阀门都关闭；

3）DMA 的规模没有明确固定的规则：分区过小则投资大，分区过大则感知度低，推荐规模：500～5000 户（分区规模与漏损识别能力密切相关，具体关系见专栏 7.1）；

4）一个 DMA 内尽量保持地形高度相同，以便实施压力管理；

5）尽量做到居民用水与工商用水分离；

6）DMA 边界的设计尽量减少计量点的选择（自然水力边界）；

7）DMA 也可以作为其他应用的分区而设计。

专栏 7.1　分区规模与漏损识别能力的关系

管网分区管理可以很好地提高管网的精细化管理水平，高效地识别与解决管网漏损问题。管网分区规模对漏损识别能力有着重要的影响。通过对北京亦庄，深圳盐田区、福田区、南山区、罗湖区和东莞常平镇三个城市六个区域的部分 DMA 日用水量与漏损水量的相关性进行分析，得出了管网分区规模与漏损检出能力的关系。

六个区域 DMA 的日用水量分布情况如图 7-4 所示。深圳分区较精细，盐田、福田、南山、罗湖的 DMA 日用水量基本在 400m^3 以下，北京亦庄 DMA 日用水量基本在 800m^3 以下，东莞常平镇分区规模相对较大，DMA 日用水量为 1000～5000m^3。

根据 DMA 入口流量数据，提取出每个 DMA 的 MNF，计算数据采集时间段内 MNF 的均值和标准差，按照正态分布，90% 的 MNF 将分布在均值 ±1.64 倍标准差范围内，若 MNF 连续数天高于此上限，则很可能发生了漏损。以 1.64 倍标准差（也可选择 95%、99% 或其他概率，计算对应的标准差倍数替换 1.64 即可）作为漏损检出限，其与日用水量之间的回归分析结果（如图 7-5 所示）表明，漏损识别能力与 DMA 规模紧密相关，约能识别小时流量为日用水量 1% 大小的漏损。

7.3.2　计量设备选型方法

目前用于供水管网流量测量主要方式是采用流量计计量，流量计是一种高精度的计量仪表，可以在较恶劣环境下 24h 不间断地运行。选择分区用流量计的时候，除了计量需求外还需要从多方面进行考虑，如：计量目的、流量范围、安装环境、经济条件、管理水平等。

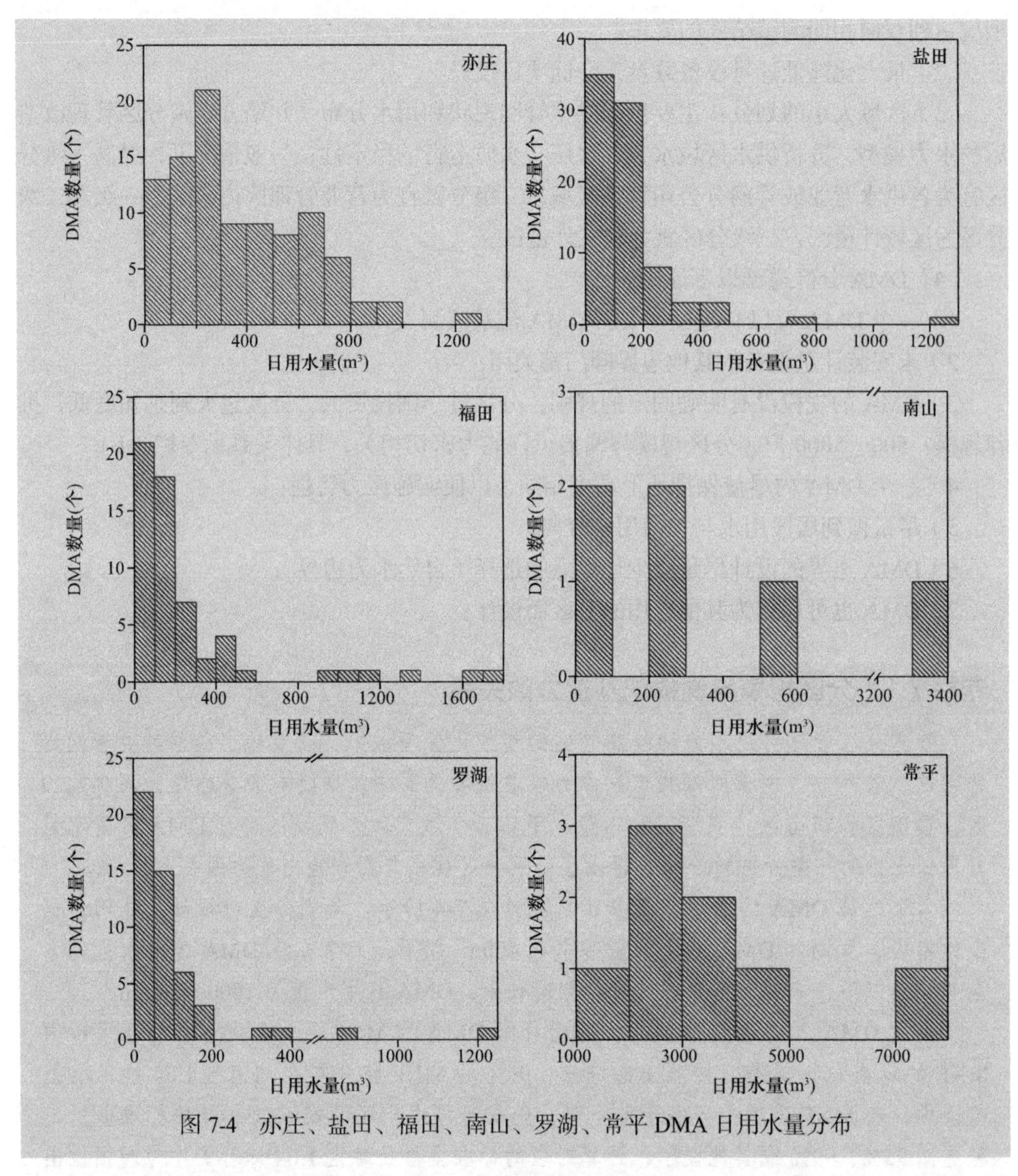

图 7-4　亦庄、盐田、福田、南山、罗湖、常平 DMA 日用水量分布

流量计的工作方式一般分为：插入式、管段式、夹壁式。

插入式流量计可以实现非停水（带压）安装，这对在运行中的供水管网进行分区改造尤其有意义。非停水（带压）安装时需要考虑钻孔的工作方式和器具，保证不对供水造成污染。插入式流量计适用于更大的管径，测试精度也完全能满足分区计量的要求。建议采用插入式超声波原理的多功能监测仪作为 *DN*300 以上管道分区计量的流量监测仪表。

管段式流量计具有精度高、测试结果稳定等优点，但必须停水安装。因此对于 *DN*300 以下的管道，因其影响范围较小，通常采用管段式流量计。

夹壁式流量计多用于临时计量环境或对现有流量进行现场比对的情况，而非用户固定式计量环境。

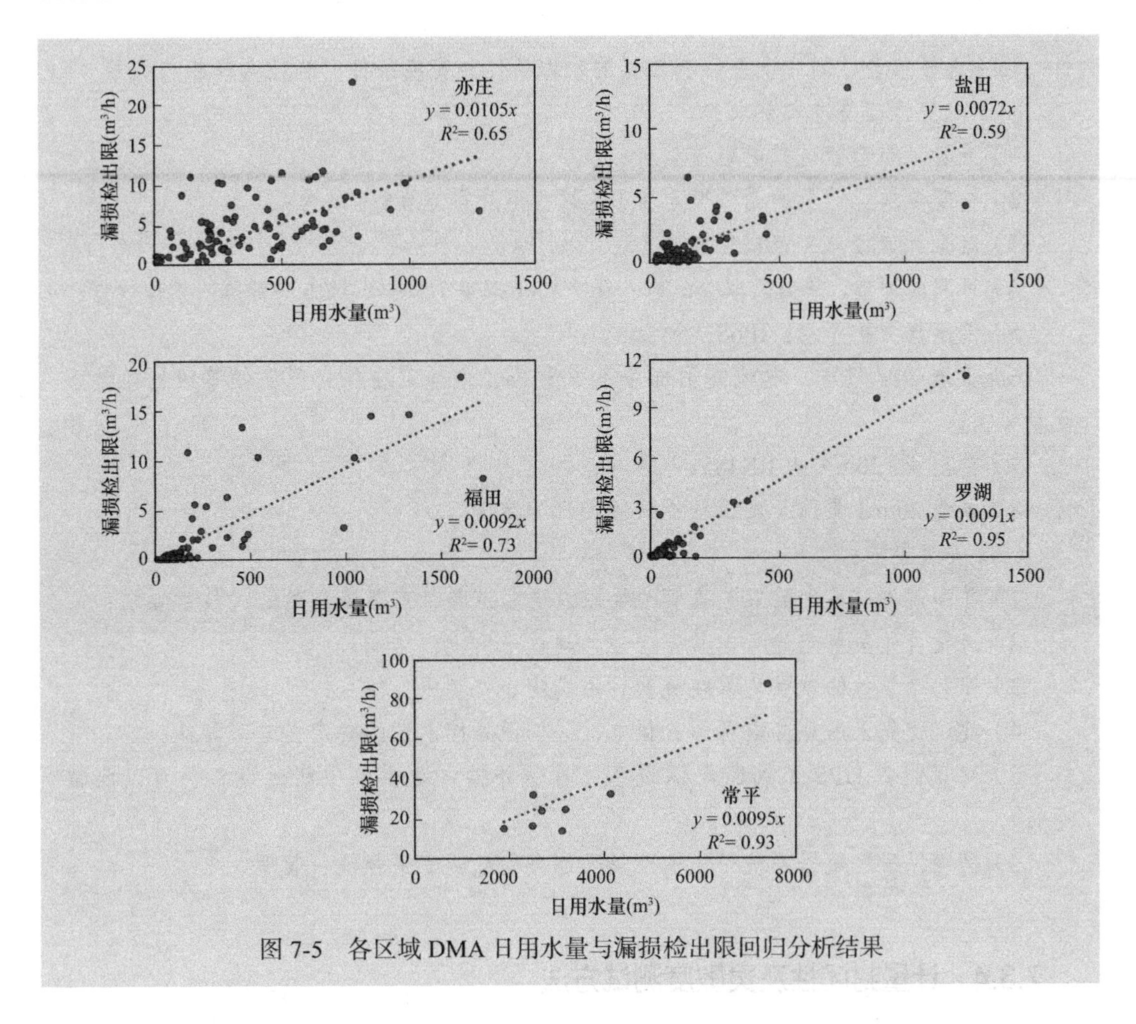

图 7-5 各区域 DMA 日用水量与漏损检出限回归分析结果

7.3.3 分区域计量流量仪表

从分区计量的管理角度来看，流量计主要有下列应用需求：

（1）作为分区边界流量测试完成边界划分：需要双向相同的精度计量；

（2）作为漏损分析的依据之一，实现多级水量校核与趋势分析：需要合理的计量匹配；

（3）营销考核的水量统计；

（4）作为压力控制的依据（基于流量的压力控制方法）；

（5）作为 DMA 感知和分析物理漏失的基本依据：需要低流速下的较高精度。

供水企业在选择流量计的时候还会根据实际情况对售后服务、数据通信、安装运维等提出要求。

专栏 7.2 某供水企业的分区用流量计技术要求

在构建分区计量管理的过程中，计量设备的选用、施工安装、后期维护也是重要的基础保障。因此在项目实施中应对设备的选型、定期维护和校验进行标准流程的设计。设备选型结合计划的设备部署位置的水力条件和安装条件，合理选择相应型号。

（1）流量计相关技术要求：

1）流量计首选管道式电磁流量计；

2）精度要求：计量的精确度至少 0.5 级，误差在 ±0.5% 以内；

3）流量计口径与工艺口径相同；

4）可双向计量，数据读取分三种：正方向（拟定）数据、反方向数据、累计数据；

5）传感器防护等级：IP68；

6）直流 24V 供电，电池使用寿命不少于 6a，电池可在保持原防护等级的条件下现场更换；

7）输出 4～20mA + RS485；

8）电缆 20m（具体长度请根据实际情况确定）。

（2）安装要求：

1）并需满足“前十后五”直管段要求及电磁流量计产品安装的相关技术要求；

2）流量计井室要充分考虑其安全性，建议采用钢混结构；

3）安装流量计的位置均需在流量计后端配套安装压力探头；

4）建议优先采用外接电源形式供电，并确保外接电源的稳定性与可靠性；

5）建议配备 UPS 不间断电源设备，确保外接电源供电中断时设备仍可以照常运行；

6）需确保采集数据可统一传输至集团综合信息调度平台统一管理。

7.3.4 计量封闭性及灵敏度测试方法

1. DMA 区域的“零压力、零流量”测试

在 DMA 建设初期和运行维护过程中，边界封闭的重要性是不能低估的。一个失效的或者一个维修后未复位关闭的边界阀门，会影响 DMA 水量平衡分析的准确性，直接影响 DMA 的漏损监测和趋势分析的成功与否。如果在 DMA 分区上又实现了压力管理，那么 DMA 中的关键点（或最不利点）压力应与设计压力一致，需要对 DMA 进行封闭性测试。

封闭性测试通常用“零压力、零流量”方法来验证所选区域是否独立封闭，该方法是关断所有进入该区域的供水来观察已选点的压力和流量衰减情况。在作封闭试验时，应停止向 DMA 区域供水，核查压力降接近 0。所有边界和区域阀门都应该进行听漏，看它们是否紧闭。如果发现有问题的阀门，要进行矫正，重复进行零压力测试。

零压力测试也用于识别任何未知连接管的存在，并最终根除。虽然进行这种测试存在相应的成本和不便，但能获得长期利益。

2. 零压力测试流程

（1）在 DMA 进口和小区内部安装压力记录仪；

（2）在进口阀门关闭前，按现有管线图及现场管理人员掌握的信息检查进口压力；

（3）关闭进口阀门，开始进行零压力测试；分别在DMA内通过开启消火栓进行放水，可同时开启多个消火栓，选择的消火栓位置要均匀分布在小区管网上，保证无死角；

（4）观察消火栓的出水状况，待消火栓不出水，则闭水试验完成，证明该小区封闭性良好，边界阀门密闭性良好，无其他未知的进（出）水口；该试验时间大约持续0.5~1h；

（5）DMA内部的压力必须下降至0，DMA外部的压力必须能维持；

（6）最后缓慢开启进口阀门，恢复供水，同时再次检查压力；

（7）测试结束：关闭所有消火栓，这中间适当排放一些水，减少停水可能造成的水质变化。

注：建议在夜间进行闭水试验以降低供水影响，同时提前告知用户停水信息，消除用户影响。

7.4 分区计量物理漏损分析方法

7.4.1 估算物理漏失水量

DMA分区的物理漏失水量实际上是指该分区内干管和用户支管的管道漏损水量。通常为了估算DMA的漏失水平，需要计算出DMA分区的净夜间流量，其值是用最小夜间流量（MNF）减去夜间用水流量（LNF）得到的（如图7-6所示）。

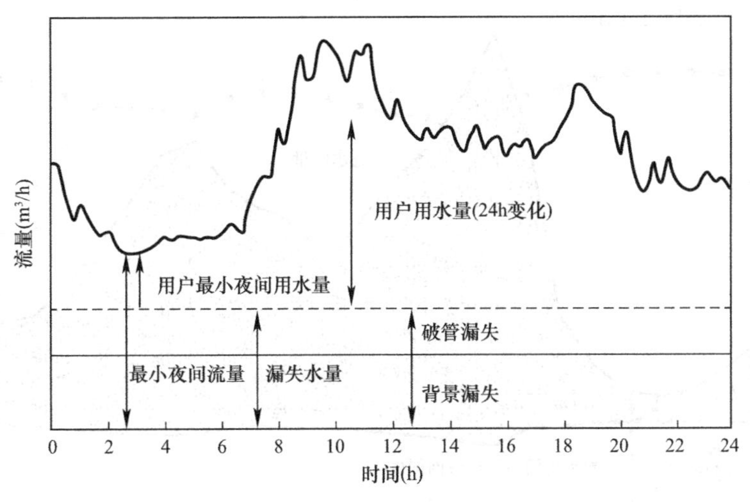

图7-6 DMA分区的夜间流量分布

最小夜间流量是指一个周期（以24h为一个周期）内的最小流量，通常发生在大多用户都不用水的夜间。尽管在夜间用户需水量是最小的，但是分析过程中仍然需要考虑少量的合法夜间流量，也就是夜间用户的用水量，如冲厕、洗衣机用水等。

由于漏失水量与发生漏点处的压力有关，所以它随用户全天需水量的变化和压力管理效果的变化而变化，这一点在估算物理漏失水量时尤其重要。

计算漏失水量时，可以使用水平衡分析或最小夜间流量方法。漏失水量计算中最常见的错误之一是假设每小时的夜间漏失水量可以简单地乘以每天 24h 来估算每日漏失水量；或认为水平衡中的日漏失水量可以通过将其除以 24h/d，转换为夜间漏失水量。鉴于漏失水量随 $N1$ 指数和平均区域压力（AZP）而变化，因此需要采用时－日因子（HDF）对漏失量进行校正。

每日漏失量与夜间漏失量（根据最小夜间流量计算出来的）的关系是：

每日漏失（量 /d）= 夜间漏失（量 /h）× HDF（h/d）

在实践中，HDF 可能会从小于 10h/d 到大于 60h/d，对于漏失和摩擦损失严重的重力流系统 HDF 可能会小于 10h/d，对于使用基于流量控制压力的系统来说，HDF 可能大于 60h/d。因此，假设 24h/d 的固定 HDF 可以导致在基于夜间流量计算漏失水量的系统错误。

HDF 的计算方法是：全天每小时或每 15min 的修正系数（$(Pi/AZNP)^{N1}$）的求和；压力 Pi 是在时间 i 时由 AZP 平均区域压力估算出来的。$N1$ 应该由 NI 步进测试或者考察主管管材类型和漏失等级估算而来。在没有其他任何数据的情况下，可默认使用 $N1=1$。

在计算漏失水量的时候必须考虑压力的变化所带来的影响，通常以 AZP 来作为参考。图 7-7 显示了重力流供水的一个 DMA 24h 流量和平均区域压力记录。在凌晨（通常在凌晨 1：00～4：00）用户夜间用水量是最少的，同时由于夜间平均压力较高，漏失量也是最大的。如果可以估计用户在最小夜间流量时的用水量，那么剩下的就是 DMA 的漏失。

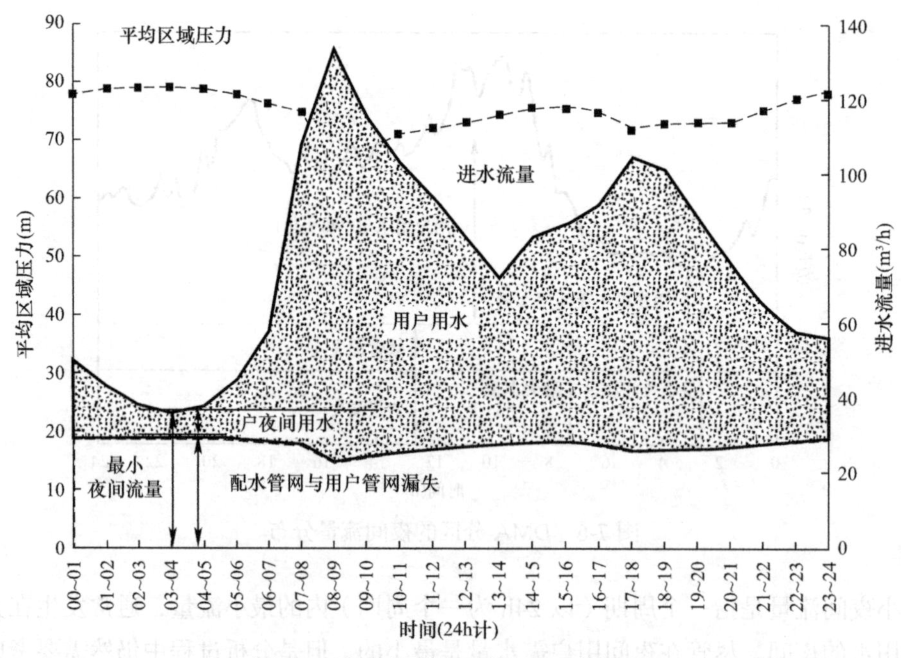

图 7-7　重力流供水下的 DMA 漏失量

相反，图 7-8 显示了基于时间控制压力模式下 DMA 24h 流量和平均区域压力记录，夜间平均压力小于白天。在这种情况下，很明显全日漏失水量与图 7-7 是完全不同的。

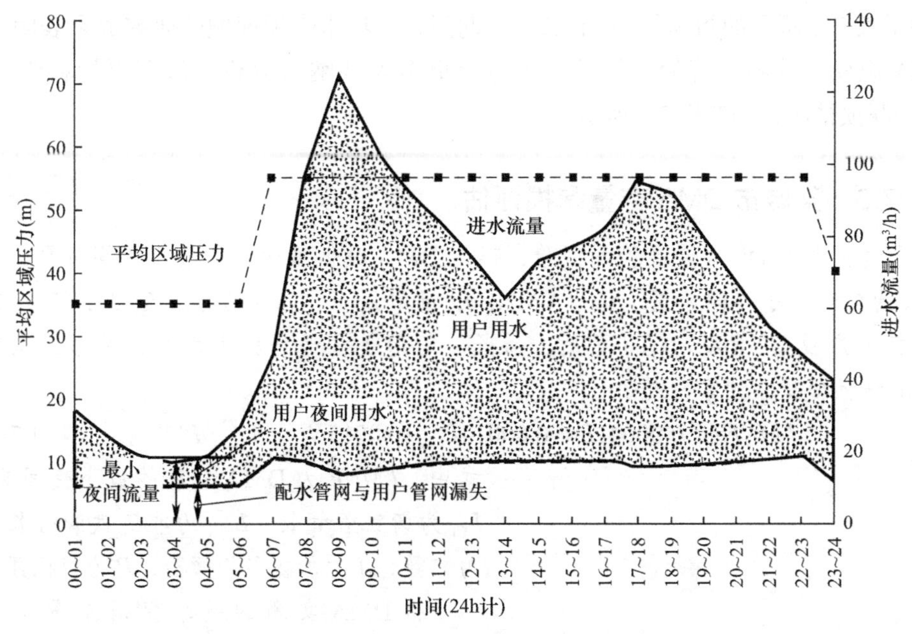

图 7-8 基于时间控制压力模式下的 DMA 漏失量

目前，国内随着远传水表的更新换代，出现了很多 DMA 分区内实现全远传的计量情况，可以很好提升合理夜间用水量的精度。但这对于供水企业来说，远传用户水表的计量频度要做到每半小时记录一次，并提高记录数据的小数点后位数。同时这种统计方法对远传用户水表的数据上传率和数据质量也提出了更高的要求。

7.4.2 基于 DMA 的存量漏损评估与新增漏损预警方法

对 DMA 分区物理漏失的分析通常采用存量漏失和新增漏失两种分析方法实现，这是由于其成因决定的有效分析方法。

（1）存量漏损评估方法

存量漏失评估是指对当前存在的漏损进行诊断，判断其合理性。目前常采用最小夜间流量 / 日平均流量、单位管长夜间净流量、单位服务连接夜间净流量、管网漏失指数（ILI）四种指标对 DMA 的存量漏损进行评价，可根据评估结果进行分类，一些经验数值见表 7-1。

DMA存量漏失水平评价示例　　表7-1

最小夜间流量/日平均流量	单位管长夜间净流量［m^3/（km·h）］	单位服务连接夜间净流量［m^3/（服务连接·h）］	管网漏失指数（ILI）	所处类别
30%以下	1以下	30以下	1～8	A（较好）
30%至40%	1～3	30～60	8～32	B（一般）
40%以上	3以上	60以上	32以上	C（较差）

除了表 7-1 所示的指标外，“十二五”期间，一项水专项课题的研究成果表明，可以将 DMA 规模、管材、管龄、管长、压力等更多参数纳入分析，从而更加科学地判断 DMA 的漏损情况，如专栏 7.3 所示。

专栏 7.3　某城市 DMA 存量漏损评估

通过在典型 DMA 开展检漏试验，确定 DMA 最低可达到的最小夜间流量，作为 DMA 的合理最小夜间流量（记为 LMNF），并利用多元回归方法，建立了其与 DMA 的规模（户数）、管线情况（管材、管长、管龄）和运行压力之间的关系，构建了 LMNF 评估模型，计算公式如下：

$$LMNF=(0.00041L_{CI}+0.00014L_{NCI}+0.0015N_{P})\cdot A^{0.72}\cdot P^{1.4} \quad (7\text{-}1)$$

式中，$LMNF$ 为 DMA 合理的最小夜间流量，L_{CI} 为铸铁管管长，L_{NCI} 为非铸铁管管长，N_P 为户数，A 为加权平均管龄，P 为夜间压力。

将 DMA 实测的最小夜间流量与公式（7-1）计算得到的 LMNF 对比，可以得到各 DMA 的存量漏损情况。对该市 393 个 DMA 进行分析，发现其中有 133 个 DMA 的 MNF 超出了合理水平，需重点关注。图 7-9 给出了各 DMA 的现状 MNF 与合理 LMNF 比值，该值越高，表示漏损状况越严重。

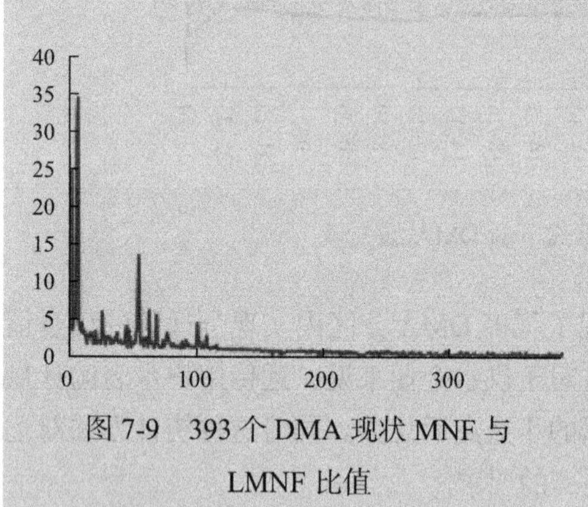

图 7-9　393 个 DMA 现状 MNF 与 LMNF 比值

（2）新增漏损预警方法

在 DMA 新增漏损预警方面，通常通过最小夜间流量 MNF 的变化来分析区域的流量异常。需要注意的是，由于受到夜间正常用水量随机波动以及管网压力变化导致的漏失流量变化的影响，该方法只有当最小夜间流量曲线变化明显时才比较有效，否则存在较高的误报率。

新增漏损预警方法，首先通过收集历史运维数据确定报警阈值，保证报警的漏损点在现有的检漏设备基础上均可检查到。不同地区需要有其对应合理的预警值，以防止漏报以及误报。为了保证预警值可以通过目前检漏方法探测出，需要收集管网漏损历史数据，分析管网漏损预警阈值。再根据每日最小夜间流量和日均流量的 7 日移动均值，以及加权移动均值（从第一个数据截止到当日数据的所有数据的平均值）；当二者的上升幅度均超过设定的阈值时，可及时对管网新增漏失点进行预警，最大化减少管网漏失水量。实施流程图如图 7-10 所示。

根据前述基于夜间最小流量的 DMA 分区流量分析结果，利用其趋势的变化比较容易地判断流量是否异常，给出近期流量的变化幅度，这样可以设置不同的预警值，给出报警，同时给出处置意见。

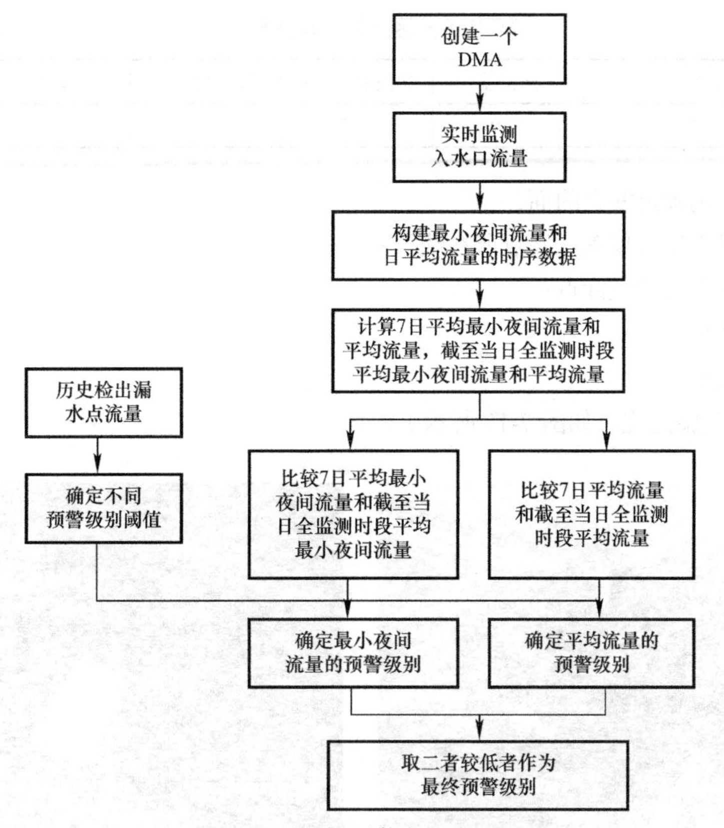

图 7-10 漏损预警实施流程图

上述的两种分析方法是采用 DMA 分区进行物理漏失控制的基本方法，但两者的作用与效果却有所不同，新增漏损预警方法能有效地快速发现新出现的漏失情况和管网老化的趋势，但对于整体供水管网的物理漏失水量来说只是做到抑制上升的趋势，很难产生降低的效果。若要对整体供水管网的物理漏失水量进行降低，则需要依据存量漏失分析得出的 DMA 分区的针对性的改善方法和优先级的考虑与实施，并同时有效抑制新增漏失水量，才能综合实现物理漏失水平的整体下降。

7.5 应用案例

7.5.1 DMA 分段关闸的应用案例

某 DMA 分区物理漏失分析案例（分段关闸 + 噪声记录仪）

情况描述：老旧小区管网老化严重、夜间最小流量：14.79m^3/h、漏失率 31.7%（见表 7-2）。

（1）实施方案

1）对漏失决定使用分段关闸的方法查找漏点；

某DMA分区漏损基本情况　表7-2

户表（支）	月入口水量（m^3）	产销差	漏失率（%）	表观漏损率	抄见率（%）	MNF（m^3/h）
697	15920	32.9	31.7	1.2	100	14.79

2）分段关闸确定漏点的面；

3）使用噪声记录仪确认漏点所在线段；

4）使用测漏仪定位漏点；

5）开挖修复；

6）确认效果。

（2）具体实施过程（如图 7-11 所示）

图 7-11　具体实施过程图

1）采用远传数据记录和现场流量计读数查看。

① 查看远传水表数据；

② 确认机电同步；

③ 根据管线拓扑结构选择关闭阀门，各阀门位置位置如图 7-12 所示；

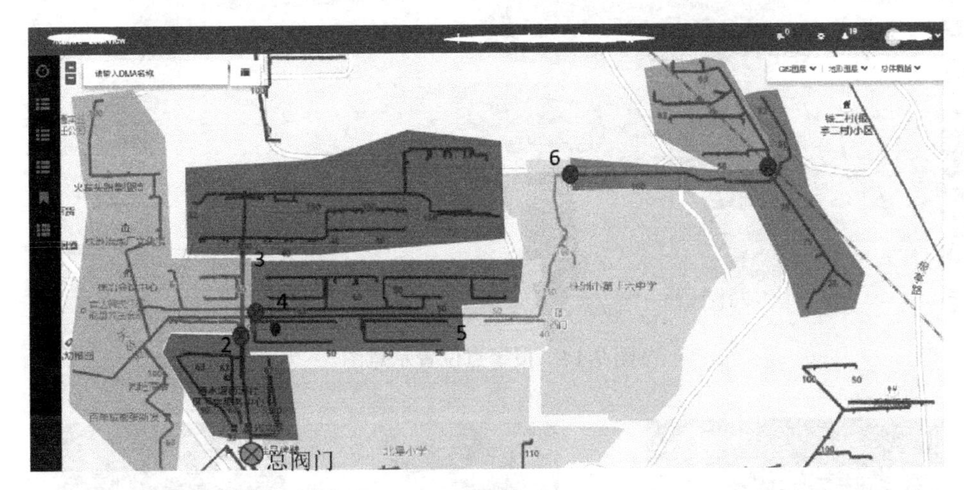

图 7-12　DMA 分区内阀门点示意图

④ 选择分支的主干管线，范围尽量均匀；

⑤ 确认关闸顺序，依次记录每段流量；

⑥ 关闸后考虑流量的稳定性；

⑦ 每一个阀门间隔时间建议大于 30min；

⑧ 入口设备远传数据采集间隔通常 15min；

⑨ 根据流量下降空间来判断相应阀门控制区域漏失的可能性。

2）分段关闸开始前 0:00～0:30，系统显示该 DMA 入口稳定 MNF 15.2m^3/h。

3）按顺序依次关闭阀门 7、6、5、4、3、2。

4）关闭阀门 6、3、2 后流量下降较多，因此以上 3 处阀门与总阀门后控制区域为疑似有漏点区域。系统各阀门点关阀后流量见图 7-13。

5）使用噪声记录仪测定漏点管段。

6）对分段关闸确定漏失严重的阀门 6、阀门 3、阀门 2 和总阀门后管辖区域布设噪声记录仪进行漏点监测。

5 处报警：其中阀门 6 后 1 处、阀门 3 后 1 处、阀门 2 后 2 处及总阀门后 1 处（见图 7-14）。

7）利用人工检漏进行漏点核实确认并精确定位（如图 7-15 所示）。

关阀顺序	关闭时间	关阀后流量（m^3/h）	流量下降（m^3/h）
开始前	–	15.2	–
7	00:30	14.4	0.8
6	01:15	12	2.4
5	02:00	11.2	0.8
4	02:30	10.8	0.4
3	03:00	7.73	3.07
2	03:30	3.08	4.65
总阀门	–	–	–

图 7-13　系统各阀门点关阀后流量显示截图

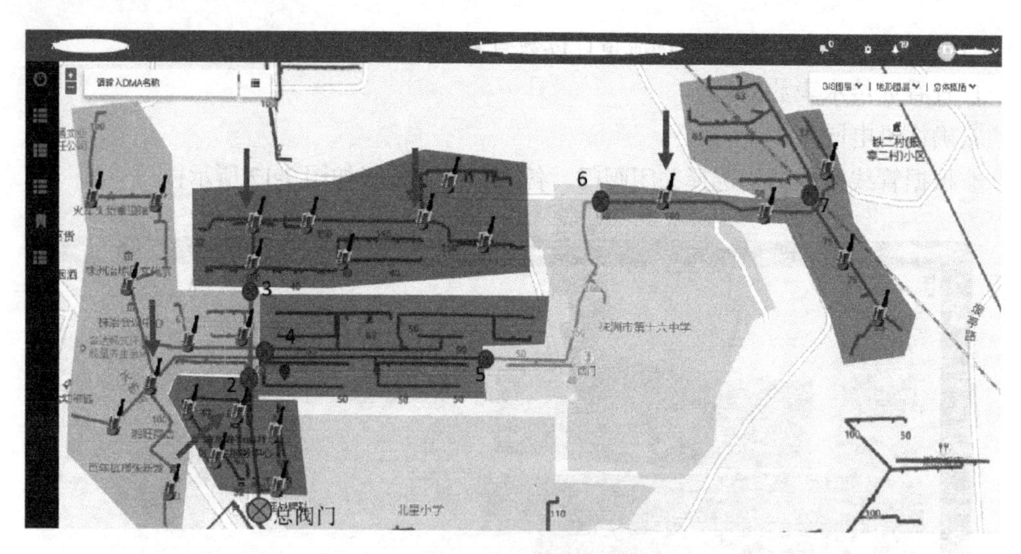

图 7-14 报警点位置示意图

图 7-15 阀后漏点实际现场图

对漏点维修前后的两个相同周期流量对比（如图 7-16 所示）：

日均流量差：5.54m³/h；日均节水：133m³/d。

7.5.2 某市某一级分区及其内各级分区的建设案例

项目调研：对该一级分区从漏损管理角度的调研和梳理，了解供水管网现状、营销管

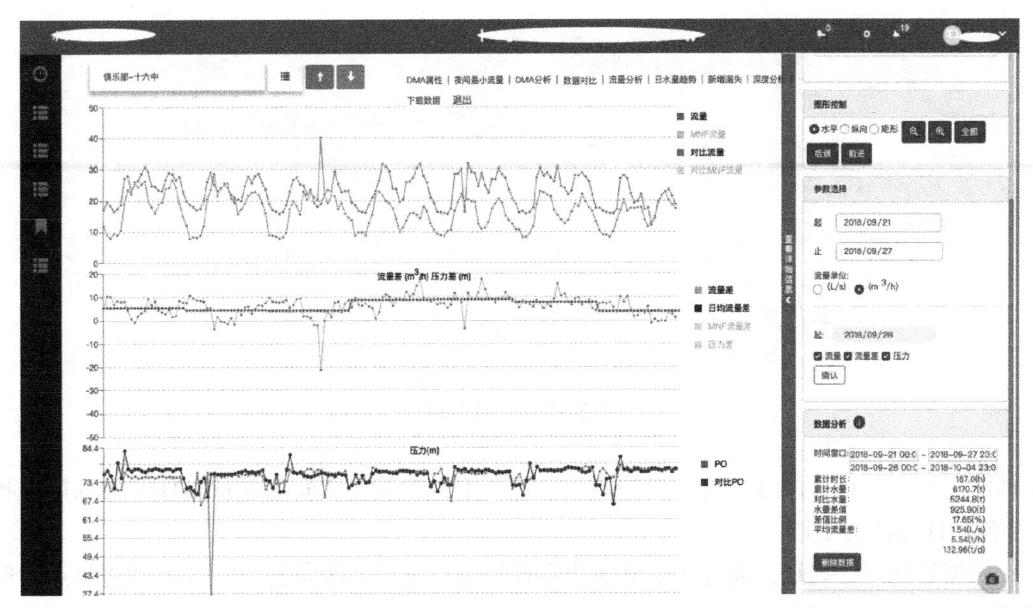

图 7-16 漏点维修前后的两个相同周期流量对比图

理情况，以及分区计划的评估和现场勘测，制定总体的分区规划和实施计划，测算整体项目的投入和预期效果。

1. 分区情况简介

一级分区规模：日均供水约 4 万 m^3。

根据两个抄表季的营销数据计算产销差率：水量合计 506 万 m^3；售水量 383 万 m^3；产销差率 24.31%。

统计年度维修情况：修复 849 处暗漏、971 处明漏；48% 的明漏和 88% 暗漏发生在 PE 管，PE 管多应用于庭院管线。

二级分区：通过 8 台计量设备实现区域独立封闭计量。

2. 实施路线：自上而下与自下而上相结合

自上而下：完善一级分区的数据收集与计算，获得可持续的水量管理数据；建立二级分区，细化基于水量、营收的管理。

自下而上：尽量将适合建立 DMA 分区的地区（主要是基于居民区）进行分区规划和实施，以提高覆盖率为主要目的。并将 DMA 分区的管理纳入到二级分区的下级管理体系中。

自上而下与自下而上相结合的结果就是将水量管理层级化、精细化、责任化，并在二级分区上实现清晰的 DMA 分区、非 DMA 分区、大用户（工商用户和政府机关等）以及主管网的全面管理。在清晰的水量传递结构中实现物理漏失管理和表观漏损管理的两个维度的降差控漏工作，以获得整体的效果。这样的实现路线基本以水平衡方式映射在了整个片区的运营管理业务中。

3. 实施过程

整理现有的一级分区边界，完善边界流量计的数据管理。这个一级分区（图 7-17 深色部分）采用了虚拟分区技术，在 8 个边界点加装流量计构成了一个分区，其中流量计方

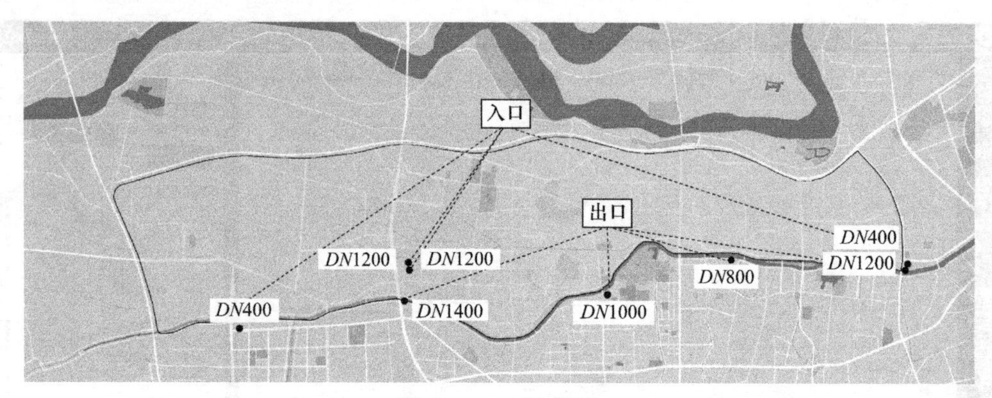

图 7-17　一级分区

向标注了 4 个入口（区域内有一个净水厂，出厂有两个 *DN*1200 的流量计标注为入口）和 4 个流量计标注为出口。

根据管网图，规划二级分区及分区边界计量点，进行 GIS 信息验证和分区边界点的现场勘测和确认（见图 7-18）。

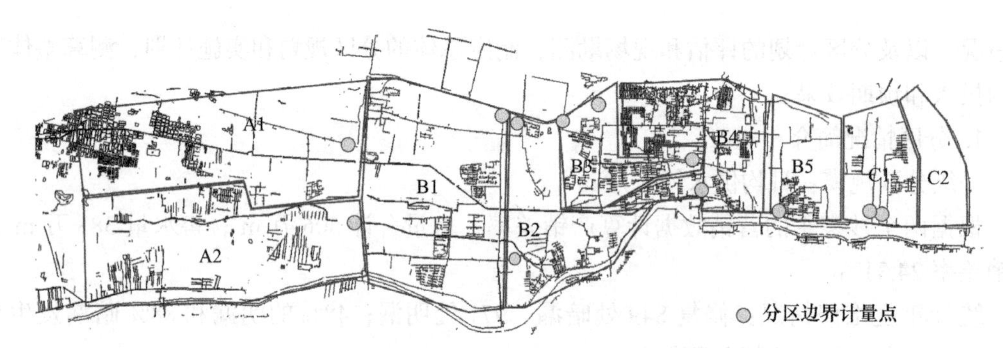

图 7-18　二级分区及分区边界计量点

二级分区的实现与系统对接，对二级分区内的用水情况进行梳理，查找不合理的数据源并修正（见图 7-19）。

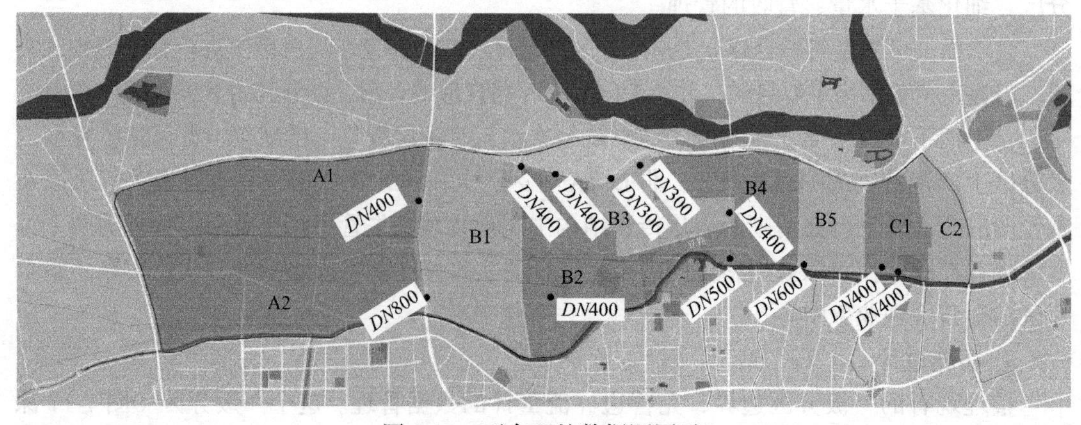

图 7-19　不合理的数据源图示

对片区内的维修情况进行梳理，明确各二级分区的管网维修情况，并有针对的进行 DMA 的建设时间表设定，最终在这 9 个二级分区内建设了 56 个基于居民区的 DMA（见图 7-20）。

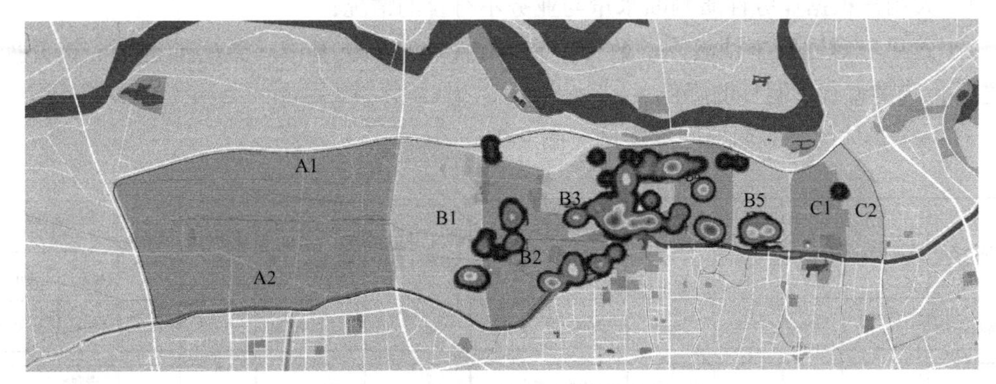

图 7-20 二级分区的管网维修情况图

测算结果：通过 DMA 和大用户的管理，2021 年水量管理覆盖率可达 57.5%，未来可达 80%。

4. 分区建设后的管理方向

分区体系建立的同时，对已经实现的分区即刻展开基于管理数据的过程管理，首先就要坚持基于该区域降差的工作组例会制度，明确例会汇报内容，把控项目的过程控制，按时完成项目工期计划，并在项目过程中验证测算的目标效果。

每一个分区（无论是二级分区还是 DMA 分区）都要根据系统的数据分析评估该分区的漏损控制策略，并明确方法和目标，依靠系统对这些工作进行跟踪和过程控制。

对分区进行问题分析、制定整改措施、评估整改效果都需要大量准确的数据支撑，这与分区管理系统的功能息息相关。

在发现分区的问题原因后需采取的具体措施有与管网相关的漏失控制措施，如：检漏修漏、更换管材等；也有与营销抄表相关的具体措施，如：核查漏立户、杜绝估抄、打击偷盗水等，具体方法见相应的章节。下面给出一个常见的措施建议：

（1）针对产销差不高的分区

1）监控抄表数据波动和零用水量；

2）总分表抄收格局一旦转变，直接作为 DMA 管理；

3）可适当降低检漏巡检强度。

（2）针对产销差高的分区

1）通过增加 DMA 的覆盖率来深入辨识问题来源；

2）从管网和营销同时入手辨别漏失问题与漏损问题；

3）检漏队伍侧重在此区域工作，适当进行周期调整，配合噪声监测和预定位；

4）对已建 DMA 制定管理目标，进一步判断检漏维修、压力管理、管网改造的经济可行性；

5）分析大用户及户表抄表数据是否准确、水量波动率、其他水量等；

6）结合系统的筛选和分析功能查找营销方面的问题。

（3）户表长期为 0 的用户

1）大用户根据业务性质判断水量与业务不符合的情况；

2）效果：对比两个抄表季的数据，在 DMA 物理漏失基本一致的前提下，提升抄见率之后，产销差有了明显的降低。

5. 一个具体的表观漏损问题案例（图 7-21）

DMA名称	营销分公司	抄见率(%)	计费表数量	入口水量	计费表(m^3)		实际总分差(%)入口和计费表	修正总分差(%)入口和计费表	漏失水量(m^3)	漏失率(%)	表观漏损率(%)	
					实际	修正					实际	修正
新东方B区	一	84.34	594	16399	5698	5181	65.25	68.41	2970	18.11	47.14	50.30

DMA名称	营销分公司	抄见率(%)	计费表数量	入口水量	计费表(m^3)		实际总分差(%)入口和计费表	修正总分差(%)入口和计费表	漏失水量(m^3)	漏失率(%)	表观漏损率(%)	
					实际	修正					实际	修正
新东方B区	一	84.59	636	16399	11760	11257	28.29	31.36	2970	18.11	10.18	13.24

图 7-21　某 DMA 分区内的表观漏损率分析

（1）问题分析

抄见率很高，售水量也符合大致居民用水情况，夜间最小流量低，整体漏失率低，但是供水量与售水量差值很高，判断是 DMA 供水边界不清晰，可能存在泵房向其他区域供水的情况。

这种情况的分析判断有两个方向：

1）供水量多，边界不封闭，可以作闭水试验验证。

2）售水量少，则分析售水量与挂接用户是否匹配。如果不匹配则抄表问题大，如果匹配挂接用户问题大。如果是挂接问题，也需要作闭水试验，需要注意的是，这种闭水试验可能会持续时间比较长，需要对用户进行充分的服务支持。

（2）处理建议

检查 DMA 总表安装位置是否正确，关闭泵房入水口，观察水表数据；对抄表进行抽查复核，排除抄表员估抄现象；进行闭水试验，检查是否有其他区域用水。

（3）处理结果

该 DMA 由泵房供水，停泵进行闭水试验，对小区周围逐步排查，发现该小区旁边的新东方 A 区也是由该泵房供水，并且为总表收费，小区旁的一些商户也未挂接到该 DMA。将所有供水用户挂接到该 DMA 之后，表观漏损率有了明显降低。

（4）案例总结

本案例具有一定代表性，说明在实施 DMA 降低漏损实践中，多维数据分析以水量平衡的分析方法将物理漏失分析与营销抄表分析相结合，所以无论是网格化建设还是 DMA 分区建设，最好的实践就是将 DMA 作为分区漏损管理的最小颗粒度，充分发挥漏损管理系统的优势，解决实际问题。

8 管网漏损控制信息化管理

8.1 信息化管理与漏损控制

数据是基础，软件是工具，管网的问题需要借助信息化软件系统，能更快、更精准地发现问题、定位问题，提供解决方案。借助供水管网信息化管理，提供一套符合可持续发展要求和与供水企业发展能力相匹配的信息化基础平台，能够加强集中管理与监控，加强动态监控能力，优化公司资源配置，实现信息互动和共享，提高公司实时决策水平与准确性，对供水保障和安全的变化快速反应。

当前信息采集和网络设施逐步完善、水务业务应用系统开发逐步深入、水务信息资源开发利用逐步加强、水务信息安全体系逐步健全、水务信息化行业管理逐步强化，为信息化管理提供了良好的条件，也推动了传统水务向现代水务、可持续发展水务的转变，为智慧水务建设提供了坚实的基础。随着水务行业的发展，对管网的全局把控、对供水的问题处理，以及对漏损的控制需求越来越大，借助水务信息化把控管网的问题是当下发展的必须要求，利用信息化手段实现管网漏损控制也是当下的发展趋势，让系统为“发现问题”“精准控漏”“业务辅助”进行服务，为建立和完善供水信息资源合理配置和高效利用体系提供“智慧保障”。

供水管网信息化管理是实现供水管网科学高效管理与优化运行的现代科学技术，其中，管网漏损控制信息化管理是供水管网信息化管理的重要组成部分。采用基于管网实时监测的信息采集与管理，能够有效支持对管网的实时优化调度、压力管理、管网系统检修与维护，为控制供水管网漏损提供有效的现代科学技术手段。具体应用含管网地理信息系统（GIS）（一张图管理）、管网调度 SCADA 系统（一双眼监控）、管网巡检系统（一流程运维）、热线呼叫系统（一条龙服务）、营收管理系统（一本账管理）、分区计量系统（一张网监测）、渗漏预警系统（一条线检漏）等数字化信息技术，为供水管网日常生产运行、管理决策提供科学依据和优化运行管理。

信息化管理与漏损控制相辅相成，故系统建设以“顶层设计、统筹管理、深度融合、全面提升”为要求，以“事件清、人物明、处置快、管理好、服务优、保障足”为目标，以“全面感知、广泛协同、智能决策、主动服务”为内涵，紧扣企业发展战略，“要有、要全、要准、要用”，推进高起点、高标准地建设“智慧水务”。

8.2 管网地理信息系统（GIS）（一张图管理）

管网地理信息系统（GIS）是自来水公司的家底，应用现代地理信息系统技术对供水管网进行信息化管理。系统以城市基础地形图和供水管网数据为核心，构建供水管网综合信息集成平台，实现供水管网数字化、动态化、可视化和智能化，实现供水管网空间和属性数据统一管理，达到“物理维度＋空间维度＋时间维度”的统一，为供水管网的规划、设计、施工、运营、评估提供可靠的依据和服务。系统与供水管网巡检、抢维修、工程技术等结合，集数据采集、数据查询、更新维护、综合分析和运行管理等功能于一体，可以集成管网调度 SCADA 系统，也为管网水力模型系统提供校核依据，是供水管网系统信息化综合管理的重要基础工具，也是管网漏损控制和管理的重要决策依据。

8.2.1 建设内容

通过 GIS 系统可以获取完整的管网拓扑结构、管道口径、长度、铺设年代、用户位置等重要信息，有效地对供水管网进行科学管理。GIS 在供水企业管网管理中管理的数据可分为基础地形数据、管线及设备设施数据、管网台账资料数据、设备安置远传数据、现场漏水与抢修业务分布数据五大类。GIS 还可用于供水管网档案管理，管网运行及爆管分析、管网破损信息管理、管网指挥抢修及管网水力模型动态模拟、供水调度监测、固定资产管理、管网巡检管理等。

8.2.2 系统架构

供水企业在建立管网地理信息系统（GIS）时应遵循以下规定：

（1）管网地理信息系统对区域内供水管网及属性进行储存和管理；

（2）管网地理信息系统的建设应当符合现行国家标准《城市地理信息系统设计规范》GB/T 18578 的有关规定；

（3）管网地理信息系统应包括所在地区的地形地貌、地下管线、阀门、消火栓、检测设备和泵站等图形、坐标及属性数据；

（4）管网地理信息系统宜分层开发和管理；

（5）管网地理信息系统与管道辅助设计系统应统一；

（6）以 GDM“地图＋数据＋业务”为理念，构建 GIS-Data-Manage 的“电子沙盘”一张图，充分发挥地理信息系统与调度实时监测、供水业务处理等在空间与时间维度上的结合与联动。

8.2.3 功能应用

（1）功能应用前提

需具备以下几点：① GIS 平台工具、数据库、服务器；② 管网管线 CAD、图纸、外业探测成果数据、管线竣工图数据；③配备系统维护人员更优。

（2）管网 GIS 数据编辑

管网 GIS 是对管段、阀门及其他管网附属设施进行采集、处理、存储，形成“管网数据资源中心”，便于管网数据的统计分析。系统需具备缩放、平移、复位等浏览功能，管网数据的增、删、改等编辑功能，量算、打印、错误检查等其他实用性的功能；可通过属性、空间位置及其他条件进行查询统计；支持 .dwg、.shp、.csv 等各种数据格式的导入导出。

（3）管网 GIS 数据应用

以上“管网数据资源中心”的数据，能为水务工作人员提供详尽的地图和管线资料，实现供水管理调度、管网抢修、工程施工、设计、营业抄收、管网资产管理等业务工作。功能上需要提供按地点、道路、坐标等条件查询；关阀分析、连通分析、横纵断面分析；对入库的所有管线及设置进行 KPI 统计分析，如：管网总长度、阀门数量、供水管网口径－长度分布等进行分类统计分析；支持用户关联，关联小区、总表、用户。

（4）管网 GIS 数据管理

管网建设迅猛发展，若不解决管网数据动态更新的问题，来之不易的普查数据成果将因跟不上管网建设的发展而前功尽弃。为此，供水企业在按计划开展旧管网普查的同时，应建立管网数据动态更新机制，从源头上抓好管网数据动态更新工作，应将管网数据的动态更新作为供水企业管理的工作重点，建立和完善管网 GIS 管理制度。

通过对管网 GIS 动态更新的各类数据及业务流程进行规范梳理，对新建工程、报废工程、抢修作业工程、水表管道盘移工程等新建和变更业务制定详细的 GIS 动态更新的流程，明确信息传递过程中各环节需提交的资料质量及时限要求，保证信息无遗漏。

（5）管网资产管理

管网地理信息系统的建设，实现了管网设备的数字化管理，有利于企业对管网设备资产的摸查和管理，不仅能够查询资产的基本信息和分布情况，还能通过一定的筛选条件对资产进行统计。相对于一般的信息系统而言，管网地理信息系统能够更直观地提供设备的位置信息、环境信息以及属性信息，为管网设备资产的管理提供参考依据。

（6）管网运行管理和关阀搜索

管网地理信息系统提供城市基础地图和供水管网数据，可用于管网的日常管理和事故应急处理。日常管理主要有管网冲洗、排放、停水作业等，常用的功能为查询、测量、统计、分析、打印等。在自然条件下被氧化腐蚀，或受其他外在因素影响，管网容易发生漏水和爆管的现象，需要停水抢修。供水管道爆管抢修时，往往导致周边水漫金山，抢修员对爆管涉及需关的阀门，只能通过记忆和图纸指导关阀，这样不仅实际工作效率不高，错关、漏关阀门的情况也时有发生，最终因阀门关闭不及时，延误了抢修时间。管网地理信息系统提供的关阀搜索功能，可以辅助调度人员对现场的管网连通状态进行分析，第一时间快速、正确地将需要关闭的阀门搜索出来，并提示所关阀门的具体位置，得到停水的影响范围，统计影响用户清单，方便相关部门及时将停水信息通知到户，安排送水服务，最大限度降低事故造成的影响。

（7）管网运行状态分析

通过建立管网地理信息系统（GIS）和管网压力、流量及水质检测SCADA系统，应用计算机软件进行管网水力及水质动态模拟（即管网建模），能在管网管理的诸多方面发挥作用：一是管网规划设计方面，对管道改造、管线建设能作出合理判断，如为管道口径大小、走向、兜口位置等技术参数的优化提供依据；二是管网评估方面，有助于建立事故影响评价、预案体系，模拟某一管道发生事故时，对整个管网水力情况和水质的影响，并且结合周边环境，综合分析不同管段发生事故时对供水安全的影响程度，并据此对管道进行安全等级划分，用以指导管网改（扩）建及日常的维护检修，加强对事故影响等级较高管段的排查、监测与维护；三是工况管理方面，针对各种管网作业工况，通过进行事先模拟为优化调度提供决策依据，如管道冲洗排放作业，调度人员通过参考由模型计算生成的压力或水质受影响较大的区域示意图，可提前采取措施，降低对用户的影响。

8.3 管网调度SCADA系统（一双眼监控）

管网调度SCADA系统是一个综合的供水信息化管理平台，可以将供水企业管辖下的取水泵站、水源井、净水厂、加压泵站、供水管网等重要供水单元纳入全方位的监控和管理。SCADA系统通过在整个供水区域内设置压力、水质和流量监测点实现对重要主干管、管网末梢、多水源接合部、用水集中区域的全面实时监控，为供水管网生产调度、漏损监控预警等提供辅助决策工具。SCADA系统采集的数据可以进行运行情况分析，并为管网数学模型系统提供校核依据。总体来说，调度SCADA系统的建设与应用显著地提高了调度人员的工作效率和对事故处理的反应能力，保障了管网供水的安全，降低了管网漏损率。

8.3.1 建设内容

供水调度SCADA系统以对生产数据的监控和数据采集为主，以数据处理、实时监测、综合报警、智能分析、报表统计为主线，最终形成有效闭环，可以提升供水企业调度管理工作水平。要充分发挥其在生产管理中的作用，应加强对生产数据的管理和分析，挖掘并理解数据背后的本质规律，为各种管理调度决策提供科学的依据，提高生产运行的安全性和科学性。其中数据是基础，分析挖掘是关键，决策支持是落脚点，只有充分发挥人的主观能动性，才能最大限度地发挥SCADA系统的功能，推动从数据的量变到科学决策支持质变的过程。

8.3.2 系统架构

供水企业在建立SCADA系统时应遵循以下规定：

（1）SCADA调度范围为整个供水管网和管道附属设施、管网系统内的增压泵站、清水池及水厂出水泵房等；

（2）应根据用水量的空间分布、时间分布、分类分布和管网压力分布等情况，建立用水量和管网压力分析系统；

（3）供水企业应建立满足调度需求的数据采集系统，实时监测管网各监测点压力、流量和水质，及时发现漏点；水厂出水泵房、管网系统中的泵站等设施运行的压力、流量、水质、电量和水泵开停状态等；调流阀的启闭度、流量和阀门前后的压力；大用户的用水量和供水压力数据等；

（4）供水企业应进行管网优化调度工作，在保证城市供水服务质量的同时降低供水能耗。

8.3.3 功能应用

1. 功能应用前提

需具备：① 厂、站、网的压力、流量、水质、泵机等监测设备及配套远传的实时监测数据，数据库、服务器；② 已有自控系统、第三方采集系统等进行数据集成；③ 配备系统维护人员更优。

2. 全局运营总览

以总览页形式展示公司供水全局的主要监测信息，展示包括水厂数据、泵站数据、流量数据、压力数据、水质数据、报警数据及区域流量等信息，展示形式为曲线图、柱状图等。

3. 一张图地图展示

基于地图，并需支持集成管网地理信息系统（GIS），对各个站点进行定位，多维化地对监测点进行监控、管理；同时需支持集成分区计量系统，实现片区的划分展示和不同片区的漏损信息；需支持集成热线呼叫系统和营业管理系统，实现热线服务投诉、咨询、保修等定位；需支持管网巡检系统，实现巡检人员的定位，帮助管网维修、巡检人员快速到达故障点，改进调度工作流程，提高调度工作的执行效率；需支持集成渗漏预警系统，关注设备和潜在漏点的分布，指导检漏。

4. 实时监测

SCADA 系统可分片区、分类别（压力、流量、水质、开关、UPS 等）实时动态显示管网监测点数据，并根据通信服务端的分级别报警设置实现监测数据的颜色分类显示，同时进行相应语音和弹窗报警，使调度人员能及时、全面、直观地了解管网的实时运行情况，能及时发现管网中的异常运行情况并采取相应的措施，提高供水的安全可靠性。

5. 生产监控

以数据曲线形式展示各个水厂压力、流量、水质等数据及趋势变化，相关数据展示内容支持用户自定义配置；通过静态三维等工艺图像形式直观展示水厂运行状态，同时叠加工艺段的设备监测数据，更加直观。

6. 用户监控

关注重点用户的用水信息，以列表形式展示用户站点配套的实时压力、流量、水质数据，进行分析，包括数据接收时间、用户号、口径、瞬时流量、今日累计、昨日累计、压力、安装地址等。

7. 查询分析

SCADA系统可对监测点的压力、流量的最高日、最高时、平均日、平均时的变化进行分析，粗略地判断供水不利管段，及时与有关部门沟通，联合进行排查，制定解决方案。可自由选择展示站点展示实时曲线。

8. 监测数据分析与挖掘

SCADA系统能积累大量的历史运行数据，采用科学的手段对历史监测数据进行相关分析，挖掘数据背后的本质变化规律，可为供水的调度决策、系统诊断以及维护改造提供科学依据。最小流量分析，监控管理水表的最小流量，分析水表的最小流量发生的时间是否在用水规律中经验值较低的时间段内，以及夜间最小流量占平均流量的比重；水表匹配分析；控管水表的最小流量，分析水表的最小流量发生的时间是否在用水规律中经验值较低的时间段内，以及夜间最小流量占平均流量的比重；水量预测，根据水表历史数据的变化规律，结合天气、温度等情况，预测出该水表在未来一段时间内的水量变化趋势，帮助调度员提前了解供水量变化趋势，做好调度计划。

9. 停水调度管理

系统可对管网停水事件进行管理，跟踪停水事件的执行过程，帮助供水企业调度或管理部门完善工作流程，提高工作效率。

10. 报警管理

基于大量历史数据的分析与挖掘，总结出不同季节、月份、气温、节假日的同期供水变化规律，结合历史运行数据中年、月、日最高、最低、平均供水量，对用水量与供水压力进行合理预测，分时间段、分级别对每个在线仪表设置报警上下限值，进而为实时调控管理提供决策支持。

11. 远控调阀

SCADA系统能够远程控制现场阀门开关，实现片区控流调压的目的。此功能解决了传统人工管理存在的电话调度信息沟通不畅通造成的人为误操作问题，提高了管网供水压力的平稳性，进一步保障了供水安全性。多个调流阀的联合自动调节控制，可实现供水管网调度自动化。

8.4 管网巡检系统（一流程运维）

管网巡检和维护是供水管网日常运行管理的重要内容之一。因此建立科学合理的管网巡检系统是供水企业推进漏损控制工作的关键。通过建立管网巡检系统，确立管网巡检任务审核流程、管网巡检任务执行流程、事件上报工单处理流程等，加强在抢修、检漏、管线巡视以及管件设备巡视等外业工作上的监管，使供水企业能够第一时间掌握供水管网的流量和压力情况，方便预测爆管，及时发现漏处隐患，提高管网运行的安全性。当管网发生事故时，管理人员能够迅速定位漏损位置，派发任务给相应的巡检维护人员，在一定程度上避免人民生命和财产损失。同时，管网巡检系统与热线呼叫系统的结合也能提高行风建设的质量与效率。

8.4.1 建设内容

（1）与 GIS 结合，利用智能手持端的内置 GPS 定位设备，实现外业工作人员（含检漏、抢修、管线巡视等人员）实时定位、轨迹跟踪、轨迹回放，并可通过调度中心大屏幕显示系统直观显示现场人员的到位情况，真正实现现场工作人员的远程管理。

（2）利用 GPRS 或无线数据网络，将实时检漏信息、维修进展（含现场维修画面拍照）等情况通过智能手持端的电子化流程及拍照功能实时发送至调度中心服务管理平台，准确反映现场工作状况和工作进展，方便各管理部门对现场工作的管理，提高现场工作效率。

（3）建立统一的工作单管理平台，在整合呼叫系统原有的来电、来信、来访信息外，接受各移动应用端系统上传的报漏信息，并与原有的热线系统报修单一起生成相关的现场工作任务单。依据任务性质进行分类，统一进行维修工作单的管理、派发、跟踪、信息反馈等，实现维修业务流程的全周期管理，全面提高维修服务工作的管理能力。

8.4.2 系统架构

管网巡检系统的总体功能架构可分为两大部分，即移动应用端系统和工作单管理平台系统。

1. 移动应用端系统

移动应用端系统也称为智能手持终端系统，其功能模块在智能手机上，支持 GPRS 及无线通信，实现 GPS 定位，并具有拍照、摄像等功能，通过该系统，管理人员可实时监控维修、检漏、管线巡视等人员行踪轨迹。检漏及管线巡视人员可实时上传现场漏点或故障信息。维修工作人员可以实时获取调度人员下发的工作任务单。在现场维修工作中，维修人员可通过移动手机内置摄像头，对现场情况进行事前、事中、事后拍照，填写维修工作单的各项内容，直接发回“工作单管理平台”，形成派单、销单的电子化流转。

2. 工作单管理平台系统

工作单管理平台系统即 WEB 端系统，其功能主要包括调度人员在获取检漏及管线巡视人员上传的报修信息后，可以实时将工作单发送到相应管理部门或维修人员进行派单处理（也可以根据区域直接发送到特定维修人员的智能手持终端上），形成工作单的传递与流转。各级管理人员也可以通过工作单管理平台系统对工作单的流转情况进行分析，浏览查询相关的分析结果，用以进行辅助决策。

移动应用端系统中的智能手持终端与工作单管理平台系统之间的数据采用无线通信方式连接与传输。

8.4.3 功能应用

1. 功能应用前提

需具备：① 管网地理信息系统（GIS）、数据库、服务器；② 配套巡检移动手机和APP；③ 配备系统维护人员更优。

2. 巡检总览

显示所有巡检人员的位置和状态；显示特定巡检人员的轨迹；显示今日巡检任务；显示今日上报的事件；点击查看任意管线的属性和信息；系统覆盖区域内的地名、道路快速索引定位。

3. 监督指挥

管网巡检系统以GIS为基础，可以实时查看各巡检员所在的地理位置和事件查看，以及相应的地形地貌和供水管线分布情况，能够结合巡检手持端系统记录回放管网巡检人员的工作轨迹。同时具有对内部维修任务数据（包括日常检漏及管线巡检过程中发现的管漏及管破等问题）、外部数据（呼叫中心受理的报修单）进行显示、处理、监督、分析的功能。系统的使用实现了巡检计划的派发、维修工单的闭环管理、查询统计等功能。

4. 管线巡检

巡检系统需实现车辆定位、人员定位、巡检轨迹、车速、到位率等信息的存储与查询，提供可视化手段对管网巡检进行管理。

使用系统GPS定位和距离量算功能，可精确定位管线，对管网隐患点拍照反馈。管理人员可通过系统轨迹回放查看具体路线，对巡检员的巡检工作量进行考核。

在巡检过程中发现管线隐患、泄漏、故障时，可通过拍照、录像等方式采集现场情况及时上报管理中心（自动记录位置坐标及时间信息），请求相应处理。

所有巡检的数据，监控中心的管理平台系统都会自动进行处理、分析、统计、制作报表等，给管理者和用户提供科学、准确的巡检信息和查询依据，同时大幅提高管理者的工作效率。

5. 支持网格化管理

巡检网格化管理，由网格员负责所辖片区内的管网设施及在建工地的日常巡检工作，确保管网设施的完好率。网格员按规定的巡检周期，到达设施及在建工地现场，根据巡检表格进行详细检查，检查后进行拍照记录。网格员对发现的问题及时发起工单，通过前后台协作进行处理。

6. 设备巡检

巡检人员根据管网管理部门每月分配的巡检计划，对阀门、消火栓、重点设备等进行巡检，巡检人员利用手持端对现场设备信息进行情况勾选、拍照反馈，极大地提高了设备的巡检效率，信息的及时反馈也确保了设备的完好率和准确率。

7. GIS信息维护

结合平时的巡检工作与管道抢修情况，将管道口径、材质等现场采集到的管网数据与GIS管网属性进行核对，对错误信息进行反馈，确保GIS管网基础数据的准确性与完整性。

8. 管网抢修

调度中心获取内部检漏人员、管线巡视人员的手持机报修信息后，可以直接向某一位现场维修人员派单，将维修工作单直接发送至指定的智能手持终端，智能手持终端接收并存储相关的信息供现场维修工作人员使用。该系统的应用主要有以下两方面的优势：一方面可以使维修人员快速到达现场并及时有效地处理各种维修任务，减少故障时间，提高供水安全性。另一方面，可以形成公司管理部门与户外维修人员的数据联系通道，实现供水企业内部统一的电子化派单、电子化销单的工作流程控制，提高服务质量与水平。

维修人员选择某一任务单后，可以在智能手持终端设备上直接对该任务处理单的详细信息进行浏览和查询。收取工单后，可根据实际情况进行相应的到达、处理、销单、退单等操作。维修人员任务完成后的工单发回工作单管理平台系统，再由调度中心管理人员进行退单或销单的审核。

维修人员处理完工单后，可以直接通过智能手持终端，填写工作内容，并通过设备摄像头记录现场处理照片，选择发送，系统可自动将填写的工作内容及数码照片无线传输到工作单管理系统。

9. 管网检漏

该系统应用后，手持端可为检漏人员提供实时的管网信息数据，检漏人员无需再靠记忆和咨询调度中心进行检漏，克服了原本由于管线资料不全、部分区域存在检漏盲区的不足，使查找漏点的精确率明显提高。

各营业单位通过工作单管理平台添加检漏区域制定检漏计划，由调度中心审核后将检漏计划下发至检漏部门。检漏人员收到检漏计划后，在现场进行检漏任务，智能手持端将自动记录检漏人员的检漏轨迹，以便统计检漏计划的完成率。同时，检漏人员可通过手持端查询位置及管线信息，发现管漏可上报检漏事件。在检漏人员完成检漏计划后，检漏部门可根据实际完成情况（检漏人员、检漏日期等）在工作单管理平台上进行检漏计划的申请，调度中心人员可查询统计检漏计划的实际完成率。

基于 GIS 建立的管网巡检系统扩展了管网 GIS 的应用范围，有效提高了供水管网巡检养护工作的质量，提升了供水企业对供水管网及外业人员的管理水平。该系统不仅可以应用于管网检漏、抢修、巡检、查勘等各个岗位，还可根据今后的实际需求不断改进和完善，逐步推广到营业抄表、工程管理等各个部门，使系统的流程更加规范化，应用范围更广阔。

8.5 热线呼叫系统（一条龙服务）

热线呼叫系统是供水企业及时与民众沟通，有效解决用户反应用水问题的窗口，做好“售前（报装）、售中（营收）、售后（热线）”中的售后管理。供水企业通过热线呼叫系统，在与用户快速高效沟通的同时，还可以对企业内部的业务受理流程进行合理化规范，可提高供水企业的业务处理效率，减少人为干预。通过将热线呼叫系统与营业管理系统、管网巡检系统、管网调度SCADA系统等集成起来，实现数据共享，可提供全面的供水业务咨询、查询、求助、投诉、报修、报漏、建议等服务功能，构建便捷清晰、功能多样、性能稳定的客户服务体系，为客户提供统一的高质量、高效率、全方位的服务，增强用户的用水幸福感。

8.5.1 建设内容

热线呼叫系统一般由三个子平台组成：高性能的话务处理平台、功能齐全的业务处理平台、供水服务相关系统之间相关信息交换和共享平台。系统的设计体现了“一站式服务”理念。呼叫系统采用先进的交换机的方式，对外公布一个号码，实现“一号通”，建立一个统一、面向客户的呼叫中心系统，真正实现报修、咨询、投诉、查询的“一站式”服务与管理。

8.5.2 系统架构

系统架构基于局域网交换的呼叫中心和互联网业务的处理（APP应用）、客户端应用系统，以及各类水务查询、TTS语音自助服务、知识库、公告板、大屏展示、KPI指标分析等。

1. 话务处理

电话处理平台采用先进的呼叫中心电话平台，集中受理用户的业务需求，为用户提供综合性服务。该平台能与数据库系统很好地集成，实现数据共享和各种其他不同的业务功能。

2. 业务处理

将客服受理的业务，按不同类别不同流程处理，主要业务包括：报修、投诉、举报、咨询等业务。

3. 扩展应用

扩展应用包括知识库管理、公告板、综合管理、业务分析、话务分析、TTS水费语音自助查询等。

4. 系统交换和共享平台

实现热线呼叫系统与营业管理系统、巡检养护系统等的接口。

8.5.3 功能应用

1. 功能应用前提

需具备：① 热线呼叫平台、语音交换机、数据库、服务器；② 配套电话号码、座席话机、耳麦；③ 配备系统维护人员更佳。

2. 基本话务接听服务

热线人员借助系统，负责处理业务咨询、资费查询、自助缴费、报修处理、客户投诉、自动催缴费等业务，科学规范地管理与相关部门的联动，做好对外服务。

3. IVR 自动语音

客户接通电话后，系统调用预先录制好的语音进行播放，和客户进行自助语音交流，引导客户进行操作。根据具体业务的不同进入不同的业务流程，并提供与人工座席的灵活切换。

4. 热线呼叫系统

通过建立与巡检养护系统的信息接口，获取巡检系统中的热线处理人员位置及工单处置信息，建立起统一的热线数据传递工作流程，进一步提升热线的智能化服务水平，减少热线服务内部流转环节，做到热线受理后直接下单给维修人员，维修人员上门为用户服务，强化热线对现场服务的监控能力。

5. 工单分派

热线人员接到客户热线后可通过巡检接口查看现场维修服务人员的实时位置及现有工单任务数，然后根据“就近、空闲”原则直接将呼叫工单派发至较近且工单任务数较少的现场维修服务人员的智能手持端上，并通过系统短信自动提醒。

通过手机 APP 应用，实现整个业务流程实时派遣、接单、处理功能。

6. 工单处理

现场维修服务人员可通过智能手持端直接接收呼叫中心下发的呼叫工单，并分别从到达、处理及销单三个环节对工单的处理信息进行拍照上传反馈。

7. 工单结束

在现场维修服务人员提出销单申请后，呼叫中心可通过系统查看热线的完成情况和处理结果。

8.6 营业管理系统（一本账管理）

供水营业管理是整个供水生产销售过程中的重要环节，做好“售前（报装）、售中（营收）、售后（热线）”中的售前、售中管理，也是供水行业经济效益的最终体现。营业管理工作是一项很重要的企业管理工作，关系企业与用户之间的协调、企业在公众心中的形象，在企业内部其又是营业收入的主要来源。营业抄收数据可以直接反映各用户的用水情况，分析抄收数据有助于发现用水异常的区域，为管道中漏损区域的定位，水表安装的检测以及偷水现象的发现提供参考。因此，做好营业管理工作关系供水企业的社会效益和经济效益，在整个供水生产销售过程中起到重要的作用。

8.6.1 建设内容

随着科学技术的发展以及信息化技术的提高，各地供水企业根据自己的实际情况和需要先后建立了营业管理系统。完善的营业管理系统能够实现抄收信息及时上传与下达，不仅有助于供水企业提高营业抄收管理的效率，还能加强对供水管网漏损的监督，通过发现抄收数据异常情况，及时采取措施减少漏损。

供水企业应通过对公司日常业务的处理及业务数据分析，整合、规范营业业务，根据实际业务发展需要，开发建设包括营销管理子系统、表务管理子系统、报装管理子系统和综合查询子系统在内的营收系统，实现整个营业业务管理信息化、自动化、流程化，提高工作效率。

8.6.2 系统架构

（1）承办用户的新装、改装、加装和拆换业务，在规定的时间内做好现场勘察、设计并及时转送安装部门交付安装，对不能安装的用户，及时做好回复和说明。

（2）根据水表的使用情况和更换周期，及时做好水表的更换工作，提高计量的准确率。

（3）及时、准确地做好用户的抄表、收费以及其他各种营业收费工作，要求水费回收率达到规定指标，避免错收和漏收现象，每月按时做好水费缴存和报表的传递工作。

（4）做好水表使用变更、检验等事项的记录，以加强水表的周检管理。

（5）重大的停水检修或管道施工应事先登报或书面通知用户，以免造成严重后果。

（6）计划、统计负责生产情况的统计和报表编报。各类报表必须依据原始记录，归纳管理内容准确、准时上报。掌握第一手资料，确保原始记录准确无误，妥善保管各种原始记录、台账和报表，确保资料完整统一。

（7）采集用户档案数据，包括户号、户名、表位、口径、地址、水表表位坐标、表主联系电话等基础数据。

8.6.3 功能应用

1. 功能应用前提

需具备：① 数据库、服务器；② 配套用户档案、户号信息、抄表数据、用水数据、水费数据、银行 & 支付宝 & 微信接口；③ 配备系统维护人员更佳。

2. 客户管理

包括档案的基础参数，用户状态、用户分类、行业分类、水表使用情况、抄表周期、优惠类型、银行管理、银行分理处等等信息；全面管理用户的基本档案（包括：表卡档案、账户信息、水表信息……）和档案变更情况、新立户管理、专用客户管理等。

3. 报装管理应用

报装申请：用户可通过自来水门户网站、营业厅、微信三种渠道申请报装业务，可申请的业务包括用户报装工程，一户一表改造工程、公司工程、城乡居民改造工程等。通过拓展多种申请渠道，为用户提供了极大的便利，也降低了用户办理的复杂性。

报装立户：报装流程完成后，根据用户申请情况进行立户登记工作，通过报装工程号自动匹配用户信息，确定表册信息后由系统自动分配用户号作为唯一标识，节省录入用户资料的时间。

4. 营业抄收

水表抄表：用户在装水表采用远传抄表和抄表机抄表两种方式，抄表周期为每月一抄。抄表计划按照用户地址编入不同表册，同时在表册内按门牌号或单元顺序排序。于每月底将下月表册数据初始化后，由抄表员根据抄表计划下载至抄表机进行抄表，抄表完成后在该界面上传抄表数据。实际水表通过编制表册，按照地址对表册内水表排序，可节省抄表员的抄表时间，降低抄表错误率。

系统可以自行定义自来水公司的基础数据费用和价格等。

费用收取：抄表数据上传后，由抄收工作人员复核异常数据，复核通过后系统统一算费生成水费。收费周期可根据实际情况分为每月、季初、季中和季末收费，支持用户通过委托银行签约代扣协议直接扣款，支持使用现金、支票及银行卡直接到营业厅缴费，同时还支持用户通过供水企业门户网站、支付宝及微信缴纳水费。多种水费缴费方式的开通，为用户提供便捷的缴费服务，同时也能增加水费的回收。

网上营业厅：优化营商环境，实现最多跑一次，将拆表申请、给水申请、检表申请、复表申请、用水性质变更、违章举报、在线投诉、在线报修、在线缴费等在网页、微信上实现快速办理。

电子发票：用户缴纳的各种费用，都可以在系统中申请开具发票、查询发票、下载发票。可实现查询发票结果、单个开票、批量开票、合并开发票、发票管理、统计汇总、发票冲红重开。

短信：完整的短信发送功能，可以向用户发送欠费、催缴、缴费、代扣、停水信息等所有用户关心的信息，可以向内部员工发送会议通知、节日祝贺、水情公告等所有内部员工需要的信息。

5. 业务受理

为实现营业厅业务办理表单电子化，供水企业可根据实际需要，在原有叫号机、评价器等设备的基础上，新增加电子签名板和身份证识别器等设备。升级之后用户到营业厅办理业务不需要再填写繁杂的申请表，只需要在业务申办之后确认签字即可。同时，对原有的过户、变更银行账户、变更用水性质，申请换表、销户、报停、复接等业务的相关表单进行修改，可用高拍仪直接在业务办理页面扫描上传。

营业厅业务信息化设备的更新投运不仅简化了业务流程，减少了用户办理业务的时间，从根本上杜绝了用户信息输入错误的发生，能极大提高窗口服务质量和服务效率。

6. 漏损分析

总分表设置：为强化总分表分析工作，可在营业管理系统中增加总分表分析子系统。按照水表实际安装拓扑关系设定总分表关系，设定为总分表关系界面，将当日算费后的总表水量信息及分表水量信息统计后形成待审核数据，在已生成待审核数据的基础上，设置过滤条件。

漏损分析工单处理：通过条件过滤后形成待处理工单，每张工单需要进行“是否忽略、是否需检漏、有无漏点、原因说明”填写，以便进一步完善总分表架构，提高准确度，降低漏损。

8.7 分区计量系统（一张网监测）

分区计量系统是基于供水企业的DMA分区计量架构，通过对各独立计量区域内的流量和压力节点实施远程实时监测，有效识别管网漏损严重区域和漏损构成，同时结合管网调度SCADA系统、管网地理信息系统（GIS）、营业管理系统等相关联应用系统，功能上从物理漏损、计量漏损和管理漏损三个维度切入，既可及时发现管网供水异常，又可测算出区域的漏损水量、区域产销差水量等漏损情况，并辅助查找漏点，评估各区域内管网漏损状况，科学指导开展管网漏损控制作业，实现降低漏损、长效控漏的目标，提高供用水效率。

8.7.1 建设内容

分区计量系统一般由一个数据中心、数据采集模块（ETL）和指标分析模块组成。数据采集模块负责从营业管理系统、小表系统、调度系统、设备管理系统等各个子系统中，采集原始数据并进行数据整合，通过顶层的数据规划，将分区计量中基本信息、水量信息、漏控信息、设备信息等内容加以分类显示。

8.7.2 系统架构

以准确的管网拓扑结构为基础，通过在主干管安装流量计将供水管网划分为若干个单独的计量单元，利用区域考核表、支管考核表、单元考核表、用户水表等建立起一个分区分级水量分析体系。

分区计量系统中关于分区层级的划分，根据供水企业实际情况可以有所不同，下面以五级分区为例进行说明：

（1）分区划分

分区计量框架可以通过"家谱图"形式展示，是以"公司、分公司、片区、支线、户表"为计量节点的点、线、面三者互联互通的五级分区计量管理体系。

（2）一级分区

公司－营业分公司为一级分区。根据地理区域、供水安全以及服务质效来划分，通过关闭区域联通阀、安装片区流量计实现，可以看到各分公司的基本信息（面积、管长、用户数等）、水量信息（最小流量、供水量等）、漏控信息（漏损率、漏点数等）、设备信息（流量计数、压力点数等），同时利用该系统可以依据历史水量曲线预测当天的水量趋势，能更好地服务于管网供水调度。

（3）二级分区

营业分公司－子片区为二级分区。根据管网拓扑结构及水量分布进行划分，实现原理及系统展示内容同一级。

（4）三级分区

子片区－小区、农村、支线为三级分区。以用户接水主干管进行划分，通过关闭双路进水阀门、安装远传水表实现。水量信息以占比图方式展示，其余内容同一级分区。

（5）四级分区

住宅小区总表－单元表为四级分区。通过安装小区总考核表、单元考核表核算小区总用水量与单元用水总量的关系来检验漏损情况。

（6）五级分区

单元（楼道）表－终端用户表为五级分区。实现原理及应用情况同四级分区。

8.7.3 功能应用

1. 功能应用前提

需具备：① 数据库、服务器；② 配套管网地理信息系统（GIS）、管网调度 SCADA 系统、营业管理系统的集成，以及多级片区的合理划分；③ 配备系统维护人员更优。

2. 预警控漏（物理漏损控制）

分区分析（KPI）：依据分区层级关系，对各区域供水进行整体分析展示，并进行供水趋势的整体分析。以实时监测、站点分布、分区监测、大用户监测，展示出各个监测点、监测区域的实时监测值；对 DMA 分区、监测点的流量、压力等数据进行时段分析，支持日报、月报、年报展示，同时可对同期同时段数据进行叠加分析（例如近三日同时间段数据对比）；提供基于压差或斜率原理的爆漏区域定位。

3. 分区控漏（物理漏损控制）

漏损率分析：对接各区域供水数据、营收数据、非计量用水数据，计算各区域产销差、漏损情况。

供水趋势分析：分析区域、监测点位的夜间最小流量、夜间最小用水量变化趋势，以此判断区域内是否存在新增漏点。支持通过将收费大用户、非收费大用户与区域供水量关联，叠加计算其余水量数据（居民用水量、非计量用水水量、漏损量等）。

报表统计：根据建设单位管理需要，对分区供水量、分区漏损情况以及设备健康度等数据以报表形式进行统计管理，并支持个性化的报表设计。

4. 计量控漏（计量漏损控制）

设备台账管理，对不同的设备厂家，不同类型的流量计、压力计及大表设备进行登记，记录每一次的维修养护情况，并及时提醒更换超期设备，形成完善的设备管理体系。

水表效率分析，对各类远传水表设定计量精度，依照远传数据判断水表是否存在大表小流量、小表大流量的情况。

5. 业务管理（管理漏损控制）

工单流程：工单管理用于记录、处理、跟踪、漏点等各类维修任务的处理情况。

水量平衡：依据国家标准水平衡统计分析，对企业月度、年度供水、售水、漏损数据进行综合分析。

应急预案：根据对历史事故案例的分析，结合水力模型的模拟与优化计算，系统可制定各类事故在不同条件下的最优应急处置预案，建立应急预案库。

6. 一级分析应用

对总公司及5个分公司实时供水量进行图形化监控，并对已经实现分区计量的小分区进行数据列表监控。

7. 二级分析应用

在监测中发现存在供水量突变情况时，有针对性地对特定分区进行分析，并结合相关压力、水质监测数据进行分析。

8. 三级分析应用

对不同日期监测数据进行对比分析，从中发现突变异常查明前因后果。

9. 最小流量分析应用

对同一分区每日凌晨0时至6时的用水量进行对比分析，并对突变产生原因进行分析，指导管网巡检、检漏工作，同时根据经验数据得出每个分区的背景漏失水量。

10. 营业总分表应用

根据管网拓扑结构对营业用户进行树状管理，从而对末端供用水平衡进行分析。一方面可以指导管网检漏工作，另一方面可以不断完善GIS信息准确度。

8.8 渗漏预警系统（一条线检漏）

渗漏预警系统是供水管网上强有力的“检漏机器人”，在分区计量的基础上，实现了控漏模式“由面到线”的深化，化被动堵漏为主动控漏。系统以噪声监测设备的管网噪声数据为基础，应用供水管网漏水噪声的识别技术和相关定位技术，实现对管道漏点的准确定位，并结合系统工单流程，实现高效响应和处置。同时通过结合DMA（分区计量）、PMA（分区控压）的多维度管理应用，可有效检出分区计量难以发现的小背景漏失和人工难以听到的疑难漏点，促进人工与科技检漏无缝衔接，实现对管网漏水噪声、管道流量、管网压力的全方位综合监测，建立精细化的主动控漏工作机制，构建完整的供水管网渗漏预警体系，及时发现并处置漏点隐患，提升管网安全预警能力和信息化管理水平，降低漏损、预防爆管，为保障城市安全供水发挥积极作用。

8.8.1 建设内容

传统的漏水探测听音技术，如巡检、相关、定位，虽然可以胜任常规的检漏任务，但承担小漏、难漏、薄弱非金属管和主干管网的监测和预警任务就成为难题。分区渗漏预警系统中使用的渗漏预警仪终端，可在夜间水压上升、环境噪声最小的情况下，自动监测管网的漏水噪声，通过内置的漏损噪声检测算法对可疑的漏点进行分析和评估，并利用远传技术自动上传到数据系统平台，从而实现24h、全天候的管道漏水监测和分析。系统采用的漏水噪声检测技术，通过对于管网的重要节点及薄弱环节实行长久监测（根据实际的管网管理维护方式和不同区域管网的侧重点来选择合适的布点方式，可分为固定点、流动点、应急点），大大缩短了人工检漏周期，并可及时发现小漏点，避免小漏成大漏、引发爆管事故，保障管道安全。

8.8.2 系统架构

架构上由渗漏预警仪、移动 APP、Web 平台组成，终端、数据、平台、业务四者相互作用并有机统一成整体，形成一种新型的管网探漏巡检模式，完善整个漏损体系，为后续的漏损控制工作提供强有力的支撑。

（1）渗漏预警仪

渗漏预警仪是基于成熟的智慧物联网远传技术的漏水噪声监测预警终端设备。渗漏预警仪通过底部强磁吸附在供水管道或金属管件上，可对区域内的管网进行不间断的漏水监测，突破人工检漏的各项局限，不受环境、气候、埋深、特殊管段的影响，不仅能够全天候工作，而且能够大大缩短巡检周期，使检漏工作变得便捷高效。

设备终端通过内置高灵敏度拾音传感器，在设定时段内采集和保存管道振动噪声数据，对噪声数据经过分析处理和初步漏损识别后形成每日特征值，通过远传技术，将每日监测结果以数字量化的形式上传至巡检平板或渗漏预警平台。当终端识别到潜在的漏点，就会进入报警状态，发送“漏损”的报警信息。终端亦能通过远传技术，将采集的管道音频文件上传至数据分析平台，用户可通过数据分析平台播放音频文件，也可对音频文件进行频谱分析，进一步对漏损状态进行确诊。

（2）渗漏预警平台

渗漏预警平台可本地化部署，亦可云平台部署。平台配套有移动端的 APP 软件，操作人员可以方便地进行设备安装、管网巡检、管网维护、快速识别新漏点、圈定漏损区域等操作，并结合调度系统，实现对管网漏损处置、维护结果上报等的闭环管理，及时发现管网供水异常并处理，降低管网漏损率及运维成本。

8.8.3 功能应用

1. 功能应用前提

需具备：① 数据库、服务器；② 配套渗漏预警仪设备，与管网地理信息系统（GIS）、管网调度 SCADA 系统集成；③ 配备系统维护人员更佳。

2. 一张图管理

通过渗漏预警一张图，直观展示管网状况、设备分布、人员分布、数据展示、历史漏点分布等数据，实时监测现场监测设备上发的渗漏状态和特征数据，对渗漏状态和异常值进行实时预警和通知，帮助分析决策。

3. 渗漏预警

如果识别到监测范围内的管道存在潜在漏点，会以“渗漏”或“疑似渗漏”等明显表示来标注。亦能通过远传技术，将采集的管道音频文件上传至数据分析平台，用户可通过数据分析平台播放音频文件，也可对音频文件进行频谱分析，进一步对漏损状态进行确诊。

4. 一流程管理

利用渗漏预警系统，可实现从任务计划、设备安装、管道监测、报警分析、业务分派、漏点定位、开挖修复、跟踪确认、信息归档的漏损控制全流程工作闭环。

将疑似漏点下派成噪声工单，由巡检或检漏人员借助工单跟进处理，逐步建立规范化的漏点预警、定位、开挖、修复、上报等流程。

5. 一报表管理

渗漏预警系统可进行渗漏记录、漏点统计和工作统计，实现漏损控制工作量化考核。

6. 一台账管理

渗漏预警系统可对设备安装维护信息进行全程记录跟踪，实现设备全生命周期管理。

8.9 应用案例及效益分析

8.9.1 应用案例

下面以 X 市水务产业有限公司（以下简称 X 水务）为例，说明管网漏损控制信息化建设管理历程。

X 水务的供水管网信息化管理系统由五个主要功能系统组成：管网地理信息系统、管网实时监测系统（SCADA 系统）、分区计量系统、热线呼叫系统以及智慧管网管理平台。表 8-1 为 X 水务供水管网信息化管理系统的建设发展历程。

8.9.2 效益分析

X 水务通过长期的管网漏损控制信息化管理建设，取得了良好的经济效益和社会效益。

1. 经济效益

（1）提高管理效率，节约人力成本

通过对调度管理、水质管理、巡检、检漏、抢修、作业审批、GIS 数据动态更新、水力模型应用维护等管网业务流程的梳理、规范，实现漏损控制业务在系统内全电子化闭环控制，在提高工作效率的同时，进一步提升精细化管理水平，减少人力资源管理投入成本。

（2）及时发现泄漏事故，产生直接经济效益

通过实时掌控分区流量变化情况，对突发性或趋势性水量异常事故及时预警，并通过对片区流量及大用户流量的叠加关联分析，帮助管网调度人员快速定位事故发生的区域或爆管点，节省查找时间，及时采取关阀止水和修复措施，减少水资源的漏失，从而有效控制管网漏损率。

（3）联动分析锁定爆管地点，产生间接经济效益

在发生重大突发性爆管事故时，利用智能化联动分析，并锁定爆管区域缩小范围，抢

X水务供水管网信息化管理系统的建设发展历程

表8-1

年份	项目	硬件投入	软件功能	成效
2000	建立管网GIS系统（C/S模式）	服务器（HPLH3）	管网数据录入、编辑、查询	将供水管网的地理位置和属性信息进行数字化存储及管理，管网基础信息管理框架初步建成
2002	建立SCADA系统	服务器（NL360）、监测点38处，包括压力传感器36套、流量计10个、水质仪表7套	无线电台轮巡监测管网压力、流量、水质等情况	初步实现管网运行状态实时监测
2006	建立呼叫系统	服务器（DELL 2850）、ALCATEL OXO电话交换机、IVR服务器（研华高性能工控机）、数据库服务器、应用服务器、网络交换机	系统主要完成电话接续、座席服务、IVR服务、短信服务、TTS服务、数据库服务等功能	实现统一接入号，在自来水用户和供排水企业之间架起一座高效服务、诚信沟通的桥梁
	建立GIS动态更新机制	服务器（浪潮NL360）	建立动态更新台账，规范动态更新流程	保障GIS管网数据及时更新，有效确保GIS基础数据全面性与准确性
	建立阀门远控系统	服务器（DELL 6850）	通过下发开关度指令远程控制现场阀门动作，实现片区调压	此调流方式的应用彻底解决了传统人工管理存在的电话调度信息沟通不畅通引起的人为误操作，提高了管网供水压力的平稳性，进一步确保了供水安全性
2008	SCADA系统改造	服务器（DELL 6800）	系统总体采用C/S+B/S架构，能实现对整个供水管网运行情况的实时监控，主要包括实时数据的监测与采集、显示与监测报警、历史数据的统计分析及报表的打印等功能	操作更简单，增强报警手段并丰富了报警方式，提高日常管网监控、预警及应急处置能力
	建立营业叫号系统	触摸取号机、窗口显示屏、评价器、综合显示屏等	叫号管理软件	有利于营业大厅合理安排窗口服务，简化手续，减少用户等候时间，使用户办事方便快捷，同时感受公司的人性化服务
	建立公司门户网站	服务器（DELL 1950）	可对外发布企业通知、公告、提供网上便捷服务	有助于宣传企业文化、提升服务质量
2009	建立巡检系统	服务器（DELL 6800）、多普达P660	系统建立在GPRS信息传递基础上，具有实时监控、事件处理、轨迹回放、查询记录、报表处理等多项功能	有效地监督了巡检人员的工作质量，实现了巡检工作电子化、信息化、智能化，从而最大程度提高了工作效率，保证了供水设施低故障率高效率安全运行

续表

年份	项目	硬件投入	软件功能	成效
2009	建立管网水力模型（C/S模式）	服务器（DELL 6850）	压力、流量状况模拟	科学指导管网工程规划设计、管网作业评估等
	建立大表远传系统	服务器（DELL 1900）、大表远传设备25套	间隔2h打包采集、发送每15min的大用户水量数据	监控大用户用水变化规律和运行状况，为管网模型应用提供供水管道水量分配的基础数据
	建立档案管理系统	服务器（DELL 1950）	人事、用户、工程等档案电子化管理	保障档案数据的完整，提高档案的管理水平
2010	建立集成系统	服务器（DELL 1950）	将各信息系统统一界面登录，使用一号制登录	规范信息系统应用，有效提升系统应用效率
	建立手机办公系统	服务器（DELL 1950）	实现在手机、平板等终端查询管网压力、水质、流量、热线工单受理及处置等情况	随时随地关注公司管网运行重要指标及行风服务情况
2011	建立高层二次供水泵房控制系统	服务器（DELL R710）两台	系统实现了对全市二次加压泵房运行情况安全、高效地实时监控，主要包括实时数据的采集、监测与报警、泵房设备的远控及自控、历史数据的统计与分析等功能	以信息化手段，提升高层二次供水设施运行安全性
2012	建立DMA分区计量系统		系统以供水分区计量为基础，根据管网拓扑结构及供水边界，通过主干管流量计将供水管网划分为若干个漏损分析单元，并对每个单元建立以进水点、用户节点为逻辑供用水关系的分析数据库，结合分析单元内管网水力数据的实时反馈进行管网漏损分析	实时跟踪、定期分析单元内水压、水量变化，以最短时间、最小范围实时锁定漏损区域，以达到漏点及时发现、及时处理，从而实现降低漏损率，保障管网安全运行的目的
	建立巡检养护系统	服务器（DELL 6850）	系统将管线巡视、检漏及抢修等外业工作纳入电子流程规范化管理，使外业工作的计划、过程、结果可追溯，有据可依。除此之外，还可进行管线巡视及检漏计划轨迹与实际轨迹的吻合性对比，方便直观反映未检漏到位或巡视到位的管线，辅助管网管理部门对管网安全管理工作的监管	全方位、流程化实现供水管网设施养护管理，有效提升了公司对外业人员的工作质量管理
2013	建立二维码固定资产管理系统	服务器（DELL R720）、条码打印机	系统采用二维码技术进行资产实物管理，赋予每个实物唯一的二维码标签，从而实现对资产实物整个生命周期的跟踪管理和实时管理，同时方便掌握固定资产的折旧情况，并提高资产盘点的正确性	理顺了企业资产管理的关系，提高了资产管理的效率，缩短了资产盘点的时间，提高了相关人员的工作效率，响应了公司精细化管理的要求
	GIS升级（C/S和B/S模式）	服务器（DELL R720 R730）	在客户端中进行数据编辑，在浏览器中实现管网数据的查询、分析、统计	不受终端限制，操作更简洁，使GIS系统得到扩面应用

续表

年份	项目	硬件投入	软件功能	成效
2014	呼叫系统升级改造	毅航多媒体交换机2套	增强语音交换能力，可支持18路座席；与巡检系统建立互为调用接口，可实现巡检系统抢修人员现场抢修信息及照片的调用，并方便巡检系统调用工单信息	强化了热线对现场服务的监控能力，对上门维修服务人员实行GPS实时定位，服务过程实时跟进，减少中转环节，提高服务效率，为打造“20min供水服务圈”提供了有力支撑
2015	建立智慧管网系统	服务器（DELL R710 R720）	融合GIS、调度SCADA、巡检等现有八大信息系统数据，消除信息孤岛，实现管网实时监测、智能预警分析、爆漏定位、应急处置、预案管理、管网设施管理等	提高了管网运行应急处置能力，有效控漏，实现了供水管网管理模式再造
	水力模型升级（C/S和B/S模式）	服务器（DELL R730）	创建实时模型，可在浏览器中实现节点压力、管道流量的查询、分析	不受终端限制，操作更简洁，使模型成为管网管理人员日常管理的辅助工具
2018	渗漏预警系统	和达科技LD18	通过在管道上安装基于噪声监测的渗漏预警仪，在夜间水压上升、环境噪声最小的情况下自动监测管网漏水噪声，通过漏损噪声算法对可疑漏点进行分析和评估，并利用远传技术自动上传到数据系统平台，从而实现24h全天候管道漏水监测和分析	建立了漏控大数据分析预警云平台，通过云平台的系统部署，实现了“地图+数据+业务”的一体化漏控业务管理和可视化展现，实现了漏损控制主动管理，构建了漏控长效管理机制，实现了漏损控制提质增效保安全的战略目标

修人员在第一时间赶赴现场，为高效抢修赢得时间，降低了因爆管事故引起的道路坍塌、车辆与物资损坏等带来的次生影响，使处置更高效、抢修更迅捷、损失更低。

（4）合理评估、编制管网检修计划，节约旧管道改造费用

通过实时检测系统对管网健康度的动态分析评估，合理安排旧管网修理、更新，有效延长了管道使用寿命，极大节约了旧管网改造费用。

2. 社会效益

（1）供水服务到家，改善生活品质

通过信息化管理系统对管网水质数据进行分析，有效掌控管网水质动态，对用户水质进行主动跟踪服务，为用户提供更优质供水服务，保证城市生活品质，最终有效确保管网水质综合合格率大于99.9%，到户龙头水质综合合格率大于98.0%。此外，通过水务热线系统的“20min 服务圈”，为用户提供更加高效、便捷、周到的服务，进一步改善居民用水的品质。

（2）科学调控压力，减少爆管漏损

通过信息化管理系统对管网运行情况进行实时监测、科学分析，提供合理的调阀方案，辅助供水调度人员进行压力科学调控，确保供水管网压力低峰不高、高峰不低，防止压力过高或调节不合理造成爆管或管道渗漏事故的发生，从而减少社会负面影响。近年来，通过压力平稳调节、流量合理调控，预防和避免水锤发生，尤其是通过智慧管网系统建设应用，进一步有效控制管网突发性爆漏事故发生，事故率连续几年持续下降，直至达到零爆漏事故的最优成效。

（3）提高应急能力，保障供水安全

通过对管网上各个采集参数历史数据的相关性分析，并结合管网模拟技术，辅助调度人员全面了解供水管网运行情况，及时发现管网泄漏异常事件，并及时启动事件预警流程，提高应急处置能力，确保城市供水安全可靠。根据信息化管理系统主动发现的管网泄漏异常事件数量呈逐年增加趋势，说明系统对管网日常漏损管理而言发挥着重要的作用。

9 管网漏损控制综合案例

9.1 绍兴水务供水管网漏损控制实践案例

在水资源严重短缺的现实情况下，国家先后在“十四五”规划、“水十条”中明确提出要加强城镇节水，并要求到2020年全国公共供水管网漏损率控制在10%以内。

近年来，绍兴水务产业有限公司（以下简称绍兴水务）切实贯彻落实住房和城乡建设部关于管网漏损控制的工作要求，以引领行业发展为使命，通过多年努力，有序推动漏损控制“降–控–稳”的实施工作，供水管网漏损率连续10余年控制在5%以下。绍兴作为中等城市，平均每年可减少漏损水量1000多万m^3，相当于一个“西湖”的水量，成为全国供水管网漏损控制的典范，其供水管网漏损控制模式被誉为“绍兴模式”。

9.1.1 企业概况

1. 企业基本情况

绍兴水务是绍兴市公用事业集团下属最大的板块公司，承担着供排水管网建设、运维、服务三大职能。公司供水区域面积逾500km^2，管网总长5000多公里，*DN*75以上管网长度约2000km，用户40余万户，日供水量30万m^3，年供水量和排水量均超过1亿m^3。公司各项指标均处于同行先进水平，管网压力综合合格率100%、管网水质综合合格率100%、水费回收率99.99%、抄表到户率98%，管网漏损率连续10余年控制在5%以下。表9-1为绍兴水务管网输配情况。

绍兴水务管网输配情况　　表9-1

绍兴水务管网输配情况	
管径	管网长度（km）
$DN75 \leqslant \Phi < DN300$	1387
$DN300 \leqslant \Phi < DN600$	435
$DN600 \leqslant \Phi < DN1000$	94
$\Phi > DN1000$	45

2. 供水管网情况

（1）供水格局情况

目前，绍兴水务共有水厂三座，其中两座为饮用水厂、一座为工业水厂，同时也为饮用水备用水厂，两座饮用水厂均位于城市的东南侧，因绍兴地势东高西低，水厂供水方式以重力流为主、压力流为辅，向整个市区供水，日供水量约 30 万 m^3。目前全市有二次加压调蓄设施小区近 200 个，已实现统建统管。

（2）管网输配情况

绍兴水务在管网规划和建设上，通过选用优质管材，逐步实现了管网布局科学合理、施工质量安全可靠的目标，杜绝了新建管网的漏失现象，为控制漏损奠定了坚实的基础。

在工程管理体制方面，成立了工程处负责工程设计、分公司负责监督管理的工程管理机制。通过工程报装系统，实现了从规划设计、图纸会审、技术交底、施工监管、冲洗消毒、并网通水、竣工验收、资料归档等标准化、规范化的管理。

在质量控制方面，加强了新建和改造供水工程的质量控制，在图纸设计、会审、施工选材、施工质量和施工进程中实行事前、事中、事后全方位跟踪管理，严格执行管网建设材料的验收和检查制度，积极推广新型优质管材的应用。

在管道安装工艺方面，加强工程安装在关键过程和隐蔽工程上的管理，及时切除“盲肠管”，消除漏水隐患。同时，加强工程建设规划、设计、质量监管和验收，确保新建管网的质量。

由于从源头加强了管网质量控制环节，绍兴水务因管道新建质量问题而导致的漏失水量逐年降低，极少发生因为工程质量安装等问题而发生的爆管事件。

（3）管道漏点监测情况

绍兴水务通过专业的检漏队伍，对辖区进行全面、广覆盖、多轮次地漏点监测，每年巡检辖区内所有管线逾 20 遍，从漏点发现到漏点修复的平均天数为 4d。

9.1.2 主要工作举措

管网漏损控制是一项系统工程，也是衡量一个企业经营管理水平的重要标准，与供水企业经营管理中的每一个环节都紧密关联。绍兴水务通过开展深入调研，根据企业实际，抓好漏损控制的顶层设计，制定了中长期漏损控制工作规划，编制了工程建设、科技发展、信息化建设等专项规划，制定了调度、巡检、抢修、检漏等重点岗位工作标准手册和岗位作业指导书等。绍兴水务充分发挥规划的引领作用，统筹抓好漏损控制工作，经过不断的实践与探索，目前已建起一套以分区计量为核心、以信息化系统为支撑、以新技术应用为推动、以全过程管控为手段、以全员化激励为保障、以漏控实训基地为育才平台的科学管网漏控管理体系，一步一个脚印，实实在在把漏损率逐年降下来，并实现了“降－控－稳”的漏损控制良性循环和长效管理。

1. 以分区计量为核心，实现科学的网格化管理

分区计量是管网漏损控制的重要措施。绍兴水务从 2010 年开始进行 DMA 分区计量工作，经过几年的建设，取得了较好的成效，从 2013 年开始加大工作力度。

在建设方面：立足实际，系统规划，努力做好分区计量的顶层设计。通过在分区之间设置流量计、小区总考核表以及单元考核表，形成网格化分区计量格局，为细化计量单元格、掌握水量变化、实现科学高效的管网漏损控制提供了技术支撑。在分区建设的同时，

还在大口径、高风险管道的关键节点安装渗漏预警仪和高频压力监测仪，有效监控分区内主要管道漏损安全隐患。截至目前，供水区域内共设置 5 个计量大区、42 个二级计量小区，1095 只小区总考核以及 15500 只单元考核表，建立起了“公司、分公司、片区、支线、户表”三级计量五级管理的分区计量体系。这种划小单元分区管理的模式，已经成为漏损控制、营业计量、科学调度等日常管理的有效手段，是实现漏损长效管理的重要举措。

在管理方面：以“片长责任制”为支撑，对计量片区落实专人管理。片长应对责任分区内的水量、水压、巡检等进行科学统计和分析，并提出改进完善意见。具体管理方案如下：一是加强调度职责，安排专门人员把分区压力流量数据的监测、评估分析、水平衡分析等作为日常工作，发现异常及时通知相关部门进行处置。二是设立专门的抢修、维修和监察部门，做到发现问题及时维修，保证维修质量。减少漏水持续的时间。三是对现有的管理模式和管理结构进行适当的调整和完善，各个供水区域管理所实现营、管、控集中管理，严格避免责任推诿现象。四是建立绩效考核体系，制定合理的产销差控制目标和奖惩机制，充分调动监测和检测人员的积极性，不断持续提高供水收益。

在应用方面：建立了从漏损发现、跟踪、处理的工作机制，通过每日实时和每月定期对数据跟踪分析，对管网分区内流量、压力、大户水表等重要参数的监控分析，实现合理评估片区的漏损水平（水量平衡程度）。评估的内容主要包括管网拓扑结构、用户基础信息、供水压力、管道流量等数据收集与分析，现有明显漏水地点的梳理与统计等。通过评估、量化现状漏损水平，找出造成漏损的主要原因。积累考核区内管网运行的最小流量值，形成公司分区计量夜间最小流量报表，可进行横向和纵向对比，评估每个分区的漏损情况。通过该经验值的确立可以实时预警、科学分析、准确判断管道的实际运行工况，对出现异常情况时能及时采取相应的排查和检漏措施，避免因管道漏水、违章用水以及水表故障引起的水量损失。

2. 以信息化系统为支撑，实现基于数据的高效管理

信息化建设是加强漏损控制的重要支撑。绍兴水务信息化建设工作起步于 20 世纪 90 年代，相继建成了 GIS 地理信息系统、调度 SCADA 系统、营业管理系统等数字化信息管理平台，积累了大量的生产运营信息。随着生产运行及服务管理要求的不断提升，绍兴水务通过不断创新，对基础信息系统进行整合和利用，建成了一个完整的智慧管网管理系统，通过大数据、物联网、管网仿真等技术实现了“科技检漏”，信息化系统主要发挥“三大功能”：

一是实现了“一张图管理”。拥有完整的、准确率高的管线档案是有效控制漏损的基础。绍兴水务组建专门的管网普查技术小组，将管网普查与信息技术相结合，通过地理信息（GIS）和全球定位（GPS）技术的结合运用，在确保完成新建、改建管网动态更新的前提下，按计划开展旧管网普查，全部录入管网 GIS 数据库。通过多年的数据更新和维护，建立起完善的三维“立体式”管网地理信息系统，数据涵盖了从出厂流量计到用户水表的全部管网和阀门、消火栓、排放口等供水附属设施以及 40 余万用户水表信息，数据覆盖率 100%、准确率 99% 以上，为管线巡视、检漏、抢修等工作提供了强有力的技术支持，使人人变为“活地图”，同时又能对这些工作实时监督，提高管网的精细化管理程度，

也为漏点定位提供了指导性作用。

二是实现了“一条龙管控”。建设智慧管网系统，在实现对管网运行进行综合分析和智能管控的同时，加强系统在巡视、检漏、抢修现场工作中的应用，做到全过程全流程的管控。如巡检人员可以通过移动手持端实现定位，在巡检过程中把发现的问题或掌握的信息在现场拍照并实时上传，便于公司管理人员及时准确掌握情况及事后落实追踪。检漏人员只需随身携带装有“智慧水务”APP 的手机，无需再靠记忆进行巡检、检漏和抢修，查找漏点的精确率和抢修效率得到明显提高。

三是实现全仿真模拟。开发利用管道水力模型，对管道的运行数据进行分析计算，为全面了解、科学评估管网的运行状况以及管网爆漏精准定位、降低管网漏损提供了重要的技术支撑。假如某个区域发生爆管或停水，系统可以模拟关阀后的工况，评估压降大小、流态变化，及时调整管道压力，尽可能减少爆管对周边的影响范围和程度，为科学调度提供重要支撑。同时，引进漏水预警技术，对管网的重要节点及薄弱环节实时监测，大大缩短了人工检漏周期，可及时发现小漏点。

绍兴水务通过信息化系统建设，在漏损控制管理上实现了“三个更”：感知更全面、预警更及时、决策更科学。如系统能第一时间对水量泄漏、水压突降等管网异常工况进行定位，实时锁定影响的范围、所关阀门的编号、涉及的用户，以短信的形式推送至用户，为有效减少漏水量、进一步提高管网漏损控制水平提供了有力的技术支撑。

3. 以渗漏预警技术为驱动，化被动堵漏为主动控漏

随着漏损控制工作的不断深入，绍兴水务也面临着大漏点数量越来越少、单点漏量越来越小、管道埋设越来越深等问题，给常规人工听音检漏带来较大影响。同时，特殊环境下大管道、老旧管道等薄弱环节的安全隐患问题日益突出，人工听音检测盲区较多，检漏人员断档，检漏人员培养难度大。因此，寻求一种高效科学、智能有效的新技术，促进人工与科技检漏无缝衔接，保持低漏损率，保障管网安全运行，化被动堵漏为主动控漏，成了公司漏损控制的重要工作。

新技术的应用是推动漏损控制管理进步和效率提升的有效引擎。绍兴水务从自身的业务出发，结合漏损控制相关的前沿技术，引进了基于漏水噪声监测的渗漏预警系统，从技防和人防相结合的角度加强对管网物理漏损的管理。通过高灵敏度漏水噪声传感器的准确预警，结合物联网传输技术和漏控大数据预警分析云平台的数据分析，解决了分区计量难以解决的小背景漏失和人工难以听到的疑难漏点。同时，通过对重要管线和薄弱节点的长久监测，及时发现处置漏点隐患，缩短了人工检漏的周期，提升了管网安全预警能力和信息化管理水平，实现了主动控漏。

绍兴水务通过渗漏预警系统的部署应用，实现了人工与技术检漏无缝衔接，提高了检漏准确性和工作效率。渗漏预警新技术的应用还取代了检漏工传统的夜间检漏工作模式，有利于加速检漏队伍的人才培养，保持人员稳定。

4. 以全过程管控为手段，建立精细化漏控体系

漏损控制是一项系统工程，需要对各环节、各流程精细化管理保障漏损控制。绍兴水务主要从以下四个方面来抓漏损控制过程管控：

（1）抓源头管理

科学合理的管网规划、优质的管材、优良的施工质量是有效控制漏损的前提。一是稳步推进管网建设与改造。每年在以既保证城市发展和人民生活的需要，又保证供水管网的合理和安全运行为目标的前提下，结合市政道路、旧路改造等市政情况，制定管网更新改造计划，逐年对使用年份较长、质量差、经常漏水的管线进行维修和改造更新。二是严格规范管材的选用。对新建管道一律采用优质管材（*DN*100 及以上为钢管、球墨铸铁管，*DN*100 以下为新型不锈钢复合管），并结合旧管网改造，逐步淘汰劣质管材，管材结构不断优化。三是加强工程质量管理，加强设计、监管、验收等施工环节的“一条龙”监控，住宅小区、楼道单元考核表在建设初期同步设计安装，为通水运行后的管网漏损分析打下基础。如绍兴二次加压调蓄设施配建工程是由房产开发企业委托绍兴水务一条龙进行建设、运行、维护与管理，统一技术标准、建设标准、经验标准、收费标准，实现高层抄表、计量、收费、服务到户，为管道安全运行及优质供水服务打下了坚实的基础。

（2）抓运维管理

依据发展规划，严格规范工程设计，注重选材建设，构建严密的工程管理机制，通过工程报装系统，实现了从规划设计、图纸会审、技术交底、施工监管、冲洗消毒、并网通水到竣工验收、资料归档等的节点标准化、规范化管理，确保事事闭环。

强化巡检职能，建立巡检工作“横向到边、纵向到底”的全区域覆盖、突出区内主要管道的巡查，执行定点、定时、定人、定责的分级管理机制，通过管网巡检系统，实行从计划编制、任务执行、过程反馈、轨迹跟踪到考核监管等环节的全过程监控，有效控制并减少外单位野蛮施工挖破管道的现象；增强抢修保障，设置抢修班、服务班、阀门班、维护班等班组，突出抢修的专业化高效化管理，提高应急抢修保障能力。

（3）抓计量管理

在体制上，绍兴制水、供水是两家独立的法人单位，实行“厂网”流量计独立结算，由第三方鉴定，确保了厂网结算的准确性，明确了漏损考核主体。同时，重视水量平衡表的分析应用，通过输出一张水量平衡表，进行管网漏损分析，提升精细化管理水平。

加强对用户结算水表的管理，构建表务全生命周期管理模式，提高计量准确性。对用户结算水表严格按照国家规定进行周检，对大表进行实时监控、动态管理，避免“大表小流量、小表大流量”现象，确保计量准确。同时，逐步加大对物联网计量器具的投入使用，进一步提高计量准确性和工作效率。

（4）抓营业管理

严格抄表管理，实施“定人、定时、定线路”的抄表模式，建立了“班组－分公司－公司”三级督查机制，杜绝误表、乱抄表的现象，保证了漏损数据分析的准确性。同时加强表务管理，进一步规范了水表管理的各个流程，水表从仪表选型、采购入库、强制检定、领表安装、运行监控、动态周检、报废处置的全过程均通过表务系统来实现，堵住了表务管理中的漏洞。

5. 以全员化激励为保障，形成全员控漏工作氛围

供水管网漏损控制的关键问题是企业的管理问题。城市供水管网的漏损管理设及公司

的各个管理部门，需要深入分析和认识管网漏损水量的类型、去向以及漏损的原因，全盘考虑，综合管理，才能“对症下药”，采取管理和技术手段，分阶段、分部门地逐步降低和消除不同类型的管网漏损。通过多年的努力，绍兴水务目前已经建立起了上至职能处室，下到基层班组，全员参与的漏损控制责任体系。公司每年在奖金总额中划出一定比例专门用于漏损控制激励，形成了人人关心漏损、人人参与控漏的良好氛围。

一是责任到岗。每年年初制定年度漏损内控目标，根据下属各单位、部门实际分解为年度、季度和月度指标。各单位、部门将区域漏损控制指标分解到网格单元，使每个计量分区都有漏损控制的责任，同时又将指标层层落实到干部职工，直接与干部员工的收入挂钩。

二是考核到位。将以往单纯对漏损率考核改进为以“漏失水量考核为主、漏损率考核为辅”的双重考核机制，使考核指标更细、激励性更强。同时重点突出关键岗位的考核力度，比如对检漏人员的考核以检出漏点的漏水量和公司的年度漏损业绩双挂钩的形式进行核算，充分发挥了人的主观能动性，有效地克服了过去检漏人员吃“大锅饭”的问题。比如对GIS数据质量的考核，通过建立完善相关制度，规范梳理GIS动态更新业务流程，明确了信息传递过程中各环节需提交的资料质量及时限要求，保证信息无遗漏。同时，将GIS专项考核纳入公司每年的经济责任制考核范畴，考核结果与相关部门的效益工资挂钩，为GIS数据质量提供了有效的保障。

三是效益到人。在原有岗效薪级工资制的基础上，不断深化绩效考核，对凡是能定量计件考核的岗位，都进行定量考核，目前实施定量计件的岗位已经覆盖公司约50%左右的员工。特别是涉及控漏关键的检漏岗位，实现漏点多检多得、少检少得、不检不得，极大激发了检漏工人的主观能动性和工作的热情。检漏工是公司所有岗位中收入最高的一个工种，业绩优秀的检漏人员年收入超过职工平均工资的3倍。

6. 以漏控实训基地为平台，推动行业漏控进步

应住房城乡和建设部将绍兴漏损控制经验推向全国进行示范的要求，为更好地服务行业发展，经行业协会授牌，绍兴水务全面总结10余年来在城镇供水管网漏损控制方面的经验与做法，投资600万元建设了全国首家城镇供水管网漏损控制实训基地。“全国市长研修学院城镇供水节水现场教学基地”“中规院城镇水务与工程院科研实践基地”也落户于此。

基地占地面积约5000m^2，以“展示一个分区计量漏损管控平台，模拟压力流和重力流两种供水模式，开展管道检漏、分区计量、分区控压三项现场培训”为重点，共设置供水管网“对置供水、分区计量、分区控压、漏损分析、爆管定位、管道检漏、管线物探、计量管理”八大功能区域，采用全真模拟实训，模拟真实的供水管网在线监控系统，实时展现在电脑及手机端，通过开展基于云计算的渗漏预警技术输出和智慧水务现场教学，实现了管网运行管理、漏控业务全方位、全流程的模拟展示和实操培训。

基地地下管道近900m，包含7种不同材质，设置漏点66处、漏点形式10余种，安装各类阀门110只，各类型流量计、水表57只，并设有压力监测点26处，配置听音杆、检漏仪、相关仪、渗漏预警仪、管道CCTV等先进的检漏设备进行实践操作。全国劳模

检漏工作室、管网检漏运维实训专家团队全程跟踪实训教学，服务企业降漏。

基地通过专业师资和漏控项目实践经验，结合“绍兴经验”编著教材，打造产学研一体的实训场所和校企合作的平台，为水务企业开展持续的咨询管理、人才培训、合同节水管理服务。基地建成以来共完成80多期实操培训，培训人数超过3000人，服务400多家水务企业，覆盖全国23个省、3个自治区、3个直辖市及香港特别行政区，并在全国落地40多个分区计量漏损控制和合同节水项目。

绍兴水务多措并举，共同发力，通过10余年的努力，将漏损率从2000年的21.07%控制在目前的4%左右，爆管数也由过去的每年20余次降到2次以下，取得了良好的社会效益和经济效益。

起步阶段，绍兴水务通过厂网分离、解决注册用户水量、老旧管网改造等措施，漏损率从21.07%下降到14.26%。发展阶段，绍兴水务成立检漏部，实行全员漏损绩效考核；成立计量管理中心，开展水表全生命周期管理。有效发现暗漏水量、减少明漏水量和降低居民总分表差损失水量，漏损率从14.26%下降到10.97%。攻坚阶段，绍兴水务通过强化管网普查和GIS建设、成立调度中心实行压力调控、接管二次供水，废弃多层屋顶水箱、开展水表动态周检、补装消防绿化等市政用水水表等措施，漏损率从10.97%下降到4.65%。巩固提升阶段，绍兴水务通过开展分区计量体系建设，建成五级计量体系，实现网格化管理；构建渗漏预警体系，提升检漏效率；通过制度流程化、电子化，实现数字赋能；从全区控压转为分区控压；集中开展消火栓水表补装；成立水务执法中队，对偷盗水进行常态化监督整治等措施，将漏损率维持在4%左右，推动企业良性循环发展。

9.1.3 工作体会

纵观绍兴水务漏损控制实践过程，主要有以下五点体会：

1. 认识到位是根本前提

管网漏损控制是一项系统工程，是多年积累下来迫切需要解决的一个问题，也是体现供水企业经营管理水平的一个重要指标。各级领导尤其是企业主要领导一定要有时不我待的紧迫感，算大账、算长远账，确立“迟抓不如早抓”“一次投入长期见效”“前人种树后人乘凉”的意识、责任和担当，结合当地实际有计划、有重点地加以推动。

2. 基础建设是核心支撑

“基础不牢，地动山摇”，拥有完整、准确率高的管线档案是有效控制漏损的基础。供水企业的管网地理信息系统（GIS）是否建好、管网普查是否完成、数据覆盖是否全面、准确性是否达标，这些基础工作是漏损控制的关键。供水企业只有摸清楚自己的“家底”，才能运用信息化手段精准高效地开展管网管理工作。基于运营管理的调度SCAD系统、巡检系统、营业管理系统等基本系统，除了建好，还要管好、用好，各个系统打通数据，形成互联和信息共享，在此基础上开发更智能的智慧管网或智慧水务系统，才能实现漏损控制更加精细化，才能取得漏损控制实效。

3. 科技创新是关键途径

管网漏损控制要颠覆传统的管理手段和方法，必须要依靠科技。要在管网预警、检漏、抢修等方面创新管理方法，引进和融合行业的先进技术及先进设备，特别是要积极利用新型信息化技术，促进管网漏损控制由人工化向数字化、智能化、智慧化转变，达到“减少人员、减少漏损、提高效益、提高效率”的目标。

4. 机制激励是有效方法

人力资源管理是有效实施管网漏损控的重要环节，任何制度的实施和技术革新归根到底都是要靠人力执行落实。要充分认识人力资源对供水管网漏损控的重要性，通过加强培训持证上岗、薪酬分配制度改革、绩效考核机制建立，充分调动人的主观能动性，提高职工从业素质，提升工作的质量和效率，这是实现漏损科学有效控制的有力支撑。

5. 政府推动是重要保障

“民以食为天，食以水为先”。就全国而言，水是稀缺性资源，中央早已将节水摆在战略层面。一个地区、一个企业在实施节水工程中，涉及企业经营层面思想认识统一与否、前期一定的资金投入、人员的培训教育以及薪酬与业绩的挂钩等一系列问题，都需要政府及有关部门的积极引导与大力支持。

9.2 深圳水务供水管网漏损控制实践案例

9.2.1 企业概况

1. 企业基本情况

深圳市水务（集团）有限公司（以下简称深圳水务集团）是深圳市属国有独资企业，主要经营供排水业务、水务投资业务、水务产业链业务、污泥及废水处理业务和河流生态修复业务。

截至2019年底，深圳水务集团总资产257.60亿元，净资产109.36亿元，员工11224人，下辖水厂88座、水质净化厂41座，供水能力980.43m^3/d，污水处理能力397.04m^3/d，承担着深圳市99.86%的供水业务和50.29%的污水处理业务，在全国7省22个县市拥有39个环境水务项目，为超3000万人提供优质高效的供排水服务。

2. 供水设施概况

深圳水务集团在深圳本地拥有56座水厂，总供水能力达到727万m^3/d，供水管网全长共计1.69万km。另外，共计拥有阀门13万座，消火栓5.2万座，水表159万块，在2019年总供水量达到16亿m^3。

供水管网管材中，球墨铸铁管约占20%、各类塑料管（含PVC、PE、PB等）约占48%、钢管约占14%、钢筋混凝土管约占2%、不锈钢管约占1%、灰口铸铁管约占7%，其他管材约占8%。

9.2.2 产销差控制成效

近几年深圳市产销差率大幅降低主要是基于高强度的管网改造及旧管废除。一方面，自2008年起开始实施“原特区外社区供水管网改造工程”，自2013年开始实施“优质饮用水入户工程”对老旧小区管网进行改造，并对旧管网进行废除，截至2019年底，已累计完成1483个小区及948个社区管网改造；另一方面，据不完全统计，2016～2019年期间，深圳市、区政府及供水企业投资新建及改造的市政管网长度约516km，市政管网更新率约5%，管网改造力度极大。同时，深圳水务集团积极推进管网检漏（每年检漏量约2万m^3/h）、计量体系管理及出厂压力控制等方面工作，产销差率控制效果显著。

截至2019年，深圳市产销差率从2014年的13.6%下降至2019年的8.6%，漏损率为7.6%（修正后），提前达到“水十条”提出的“2020年公共管网漏损率10%”的目标（见表9-2、图9-1）。

深圳水务集团本地漏损率控制情况　　表9-2

年份（年）	供水量（万m^3）	售水量（万m^3）	产销差水量（万m^3）	产销差率	修正后漏损率
2014	149176	128911	20265	13.6%	12.9%
2015	163085	140940	22144	13.6%	13.3%
2016	162958	142305	20652	12.7%	12.2%
2017	167886	150020	17866	10.6%	10.2%
2018	170048	152825	17223	10.1%	9.5%
2019	171526	156821	14705	8.6%	7.6%

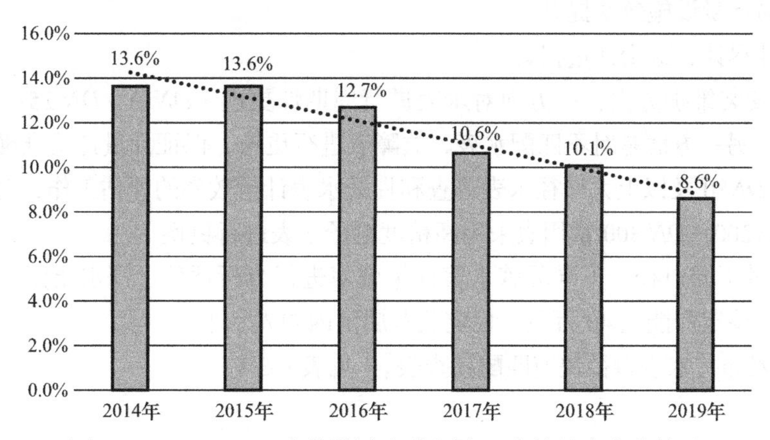

图9-1　2014～2019年深圳水务集团本地产销差率变化情况

9.2.3　产销差控制实践

产销差控制是一项系统性工作，深圳水务充分运用水平衡表理念，一是充分提升工作重视高度；二是从“规范未计量水量，控表观，降漏失”角度对水量进行管理，分别建立绩效管理体系、计量管理体系和漏失管理体系，以系统控制产销差。

1. 绩效管理体系

绩效管理体系旨在充分调动人员积极性，通过制定各项考核及奖励、激励措施，激发员工主动开展产销差控制及相关业务工作。

（1）建立目标考核机制

深圳水务将产销差控制工作纳入集团重点工作，并印发产销差控制工作方案及考核方案，将奖金与目标和绩效考核挂钩，一方面实现集团各层管理资源的充分调动，另一方面更能激发员工积极性，提升效率。

（2）建立违章查处奖励机制

设定水费罚金15%的标准奖励，鼓励全体员工参与。加强违章查处奖励机制，激发员工积极性，提高违章查处成效。

（3）建立探漏激励机制

发动集团员工主动探漏，根据探漏量给予一定激励，从漏损检测出发，增大漏损检测人员的积极性，也建立公司内员工的探漏意识，尽可能多地找到漏损、控制漏损。

2. 计量管理体系

计量管理体系一是从设施角度出发，对水厂进出厂流量计、管网流量计及用户贸易计量设施等全过程计量设施进行规范化管理；二是从数据角度出发，通过分析计量数据，及时发现漏损异常情况；三是对于未计量的水量予以规范化管理。

（1）厂、网流量计校准

深水集团每年组织第三方校验机构对水厂及管网流量计进行不少于一次的校准，确保供水量及分区流量数据准确，避免供水量数据对产销差的分析造成影响。

（2）贸易计量设施效率提升

实现应计尽计，减少计量损失。

① 水表安装维护方面：一方面对水表进行周期性更换（*DN*15～*DN* 25：6a；*DN*40～*DN* 50：4a）；另一方面是对不匹配水表、故障表进行更换，保证计量计费准确性。

② 开展*DN*80及以上大口径水表普查和提升水表计量效率的评估工作，对计量效率低于97%的*DN*200～*DN* 300常用表采用高精度电子水表进行更换。

③ 每年对不同口径、不同品牌水表计量效率进行分析评估。深水集团成立水表计量检定中心，年检定产能达40万只，检定装置属国内领先水平。

④ 制定发布《水表口径快速匹配核查表》（见表9-3）。

水表口径快速匹配核查表　　表9-3

口径	水量占比	计量效率
*DN*15～*DN* 25	26.93%	99.70%
*DN*40～*DN* 50	17.13%	99.86%
*DN*80以上	55.94%	99.11%

（3）计量设备远传管理

水量数据在线，便于及时抄读与监控分析，以指导产销差管理。深水集团近几年大力推进远传水表应用（见表9-4），并在盐田区基本实现远传全覆盖，为后期实现产销差管理数据资源化、控制智能化、管理精准化、决策智慧化奠定基础。

不同区域远传管理 表9-4

区域	覆盖量
盐田	基本实现远传全覆盖（97%）
集团本部	远传水表19%；远传水量73%
深圳本地	远传水表25%；远传水量52%

（4）分区计量建设管理

深水集团建立大、中型分区及小区 DMA，一方面通过夜间最小流量监控，实现对区域的精准化管理；另一方面也实现了对区域的考核管理。

（5）未计量水量管理

为规范未计量水量统计管理，深水集团制定相应计算标准，对管道冲洗消毒水量、管网并网碰口消耗水量、管道爆管水量、消火栓排放水量等未计量水量进行规范化管理，以避免未计量水量对产销差分析造成影响。

3. 漏失管理体系

（1）探漏管理

漏失的本质是时间问题，及时探漏和维修可大幅降低漏失水量：

① 加强探漏力量：深水集团一方面通过市场采购专业探漏队伍开展探漏工作（如图 9-2 所示）；另一方面通过执行探漏激励机制，鼓励集团员工进行自主探漏，以提高探漏效率。

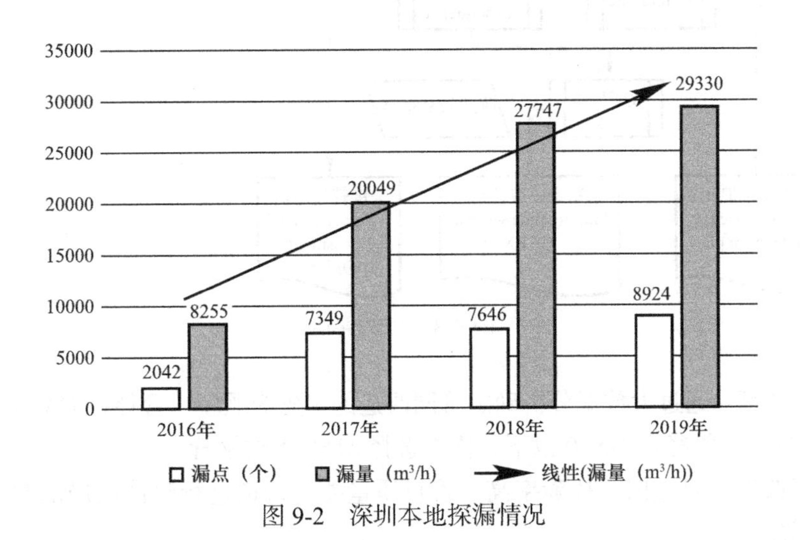

图 9-2 深圳本地探漏情况

② 分区计量辅助：深水集团通过对大型、小区 DMA 区域最小夜间流量监控，及时发现异常，辅助探漏工作。

③ 建立重点台账：建立高漏耗小区台账，重点加强探漏。

（2）压力管理

深水集团通过对水厂出厂压力进行调控，以降低相应区域供水压力，一方面可减少漏损水量，另一方面可避免爆管发生，从而降低管网漏失水量。

① 持续完善压力监测体系，实现对管网压力的及时感知。

② 供用水压力分析：通过分析不同供水区域供水压力与最不利点用水压力关系，合理确定压力调控可行性及调控方案。

③ 降压管理与投诉分析：通过降低出厂压力或安装减压阀等进行降压管理，同时重点对降压片区投诉进行跟踪。

④ 动态调整降压方案：结合调控方案及投诉数据，动态调整不同区域、不同时段的降压方案。

（3）资产管理

良好的资产管理既可避免管网漏失水量的大量漏失，又可降低漏失水量控制成本。

① 资产评估：通过大数据分析确定管网改造的优先级顺序（见图 9-3），及时改造漏失量大的管道，合理配置产销差控制投资。

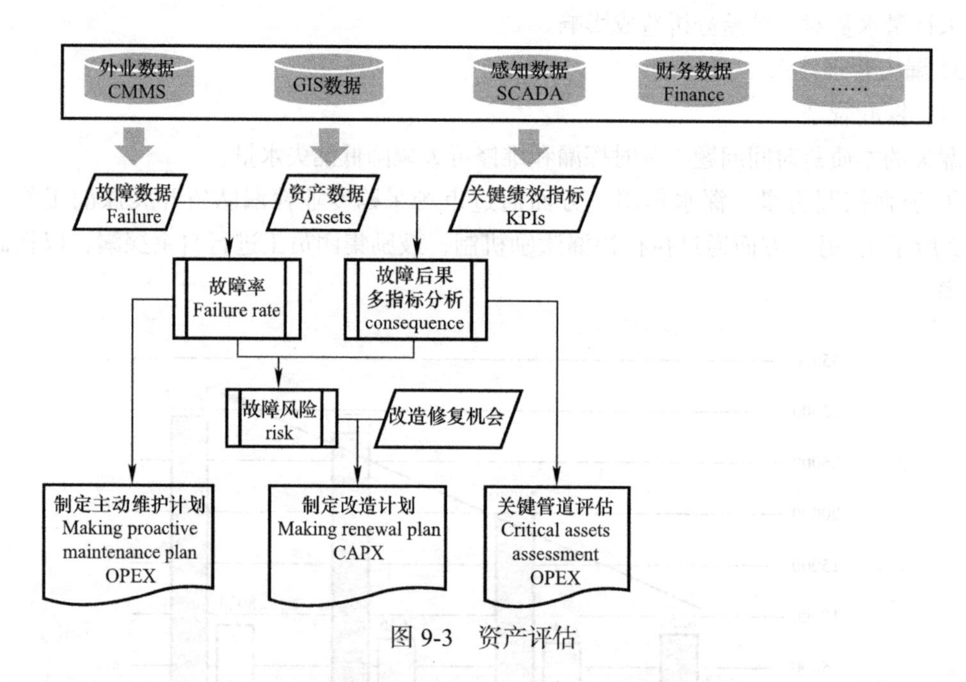

图 9-3　资产评估

② 管材选型：通过大数据分析确定管网改造的优先级顺序。管径在 *DN*80 以上，优先选择球墨铸铁管；管径在 *DN*80 以下，优先选择 316L 不锈钢管。

③ 管网改造：对老旧、故障率高、管材质量差的管道进行整体或局部改造，同时对旧管进行废除。

（4）日常维护

深水集团通过建设外业工单系统等信息系统，提高维修质量及速度，实现对漏损事件的全流程、动态的闭环管理。全部工单进展可跟踪（工单到场及时率、工单完成率情况）、质量可追溯。

4. 贡献分布情况

结合深圳产销差控制工作实践，各项主要技术措施贡献分布情况见表9-5。

各项主要技术措施贡献分布情况 表9-5

主要技术措施	管网检漏及修复	管网资产管理	DMA分区管控	远传表应用	水表更换	未计量水量管理	压力管理
贡献	35%	30%	15%	10%	6%	2%	2%

9.2.4 总结和展望

近几年深圳市产销差率大幅降低源于产销差控制管理的加强，以及高强度的管网改造，根据国内外产销差控制经验，产销差降低到一定程度后，继续降低的难度日益增大。另外，社区管网改造已于2019年收尾，优质饮用水入户工程也将于2021年全面完成，管网改造力度将大幅降低，深圳市产销差率控制工作的重心将转移到维持产销差率处于稳定的较低值上。

未来，深圳水务集团产销差控制重点继续在强化管网检漏、简易工程改造、旧管废除、计量体系建设与管理、水表管理及科学调度等方面开展工作，同时将进一步推进信息化管控平台建设，以实现产销差管理数据资源化、控制智能化、管理精准化、决策智慧化。

9.3 首创环保集团供水管网漏损控制实践案例

9.3.1 首创环保集团企业概况

北京首创生态环保集团股份有限公司（以下简称首创环保集团）成立于1999年，是北京首都创业集团有限公司旗下国有控股环保旗舰企业，于2000年在上海证券交易所挂牌上市。作为最早从事环保投资的上市公司，首创环保集团率先践行国内水务环保产业市场化改革，积极推动环保事业发展，致力于成为值得信赖的生态环境综合服务商。

经过20余年发展，首创环保集团业务从城镇水务、固废处理，延伸至水环境综合治理、资源能源管理，布局全国，拓展海外，已成为全球第五大水务环境运营企业。

截至2019年末，首创环保集团在全国27个省、市、自治区和直辖市的100多座城市拥有项目，水处理能力达到2804万m^3/d，年生活垃圾处理能力达到1722万t，服务总人口超过6000万人；公司总资产达到799亿元，位居主板上市环保公司首位。

目前首创环保集团覆盖的业务板块主要有：城镇水务、水环境综合治理、固废处理及资源能源管理。在城镇水务板块，首创环保集团致力于城市水资源和水安全管理，通过投资、建设和运营，提供城市水务综合解决方案。

首创环保集团市政供水领域公司日供水能力超 1417 万 m³，日实际供水能力居全国性供水公司首位，提供原水供应、自来水生产、管网输配及客户服务等城市供水全流程服务，在全国范围内运维管理含管网项目公司 19 个，合计约 1.1 万 km 供水管网。截至 2020 年 10 月，公司整体供水业务累计产销差率为 14.3%。

9.3.2 首创环保集团供水管网漏损控制管控体系

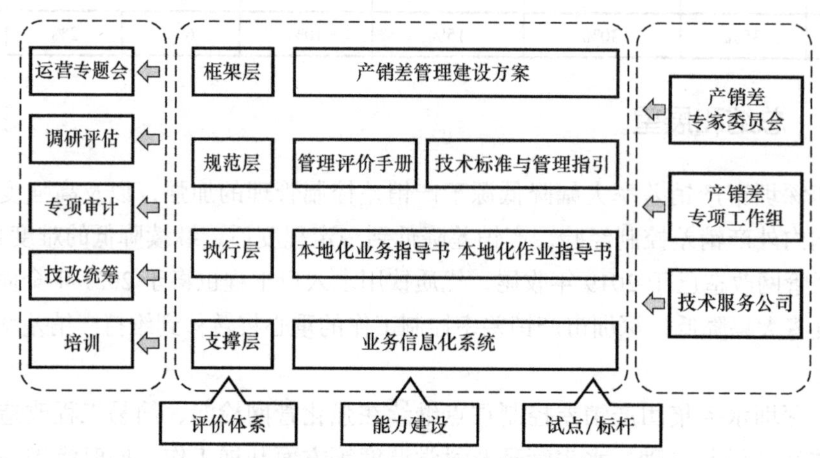

图 9-4 首创环保集团管网漏损控制体系建设示意图

1. 管网漏损控制管理体系的内涵

首创环保集团是一家跨地域集团化供水企业公司，需要以全局理念、创新思维、系统模式构建管网漏损管控体系，旨在形成对供水企业产销差管理的最佳解决方案。该体系是多维度、多层次的动态体系，其核心是系统的构建、观念的转变、管理的创新、技术和方法的总结和传播，自我纠偏和提高，得以充分发挥公司的资源优势。在体系构成上，由管理措施、支撑体系、所需资源与落地方式四个部分组成，确保 PDCA 的闭环管理。

2. 管网漏损控制体系建设规划

在体系建设上，分为体系建设、平台建设、标准建设、能力建设四个阶段。体系建设的目标是“统一思想、科学规划、统筹布局”；平台建设的目标是“整合资源、上下联动、机制创新”；标准建设的目标是为各项目公司提供方向性指导与完善的管理体系。能力建设的目标则包括“质控中心、工具包与培训体系”。

3. 管网漏损控制管理架构规划

在管理架构上，包含产销差专家委员会、专项工作组、技术服务公司等组织。在具体业务开展上，通过运营专题会、调研评估、专项审计、技改统筹、培训等方式进行。

4. 管网漏损控制体系的特点

（1）科学化、系统化和标准化

管网漏损控制体系总体上以首创环保集团全部所属供水企业为研究对象，进行通盘的科学、系统性设计，兼以各供水企业实际情况调研为基础，以科学化的管理分析工具及标准化的专项工具包为具体措施，实现了科学化、系统化和标准化的最优集成，扭转了各地供水企业“头痛医头，脚痛医脚”的被动局面。

（2）创新性

产销差与供水企业各部门的日常工作息息相关，是系统性的指标，因此如何激活组织、激活个体是关键所在。因此管控措施落地中，专项工作是工作方法的创新，实现了队伍建设、上下联动、既说又做、协同发展与机制创新。与此同时，发挥了资源优势的特点与协同效应，将压力直接穿透到项目公司的一线，并为一线业务骨干创造一个充分发挥自我价值的平台，激活个体。

9.3.3 主要工作举措

首创环保集团在管网漏损控制方面，完成了管网漏损控制体系的理论搭建，分步开展体系编制、标准树立、团队组建、能力建设、措施落地等工作，初步建立管控体系并取得了积极成效。

1. 管控体系的具体实施

（1）体系编制

在完成主要供水企业产销差综合调研的基础之上，结合首创环保集团的管理架构与体系，建立了首创环保集团级的产销差管理体系，与此同时，明晰了产销差管理的建设路线图、技术路线和管理措施中各个重点环节。

（2）标准建设

基于产销差管理的技术路线图，集中资源，按照优先级和难易度，逐个开展能力建设，并进一步在能力建设基础之上，转化为产品即工具包。初步形成了从业务体系建设到业务点拆分，再到能力建设，最终为产品转化的流程。目前已初步完成了产销差管理工具包、产销差管理综合技术包、物理漏损工具包、账面漏损工具包等工具包的开发，并完成软件著作权 2 项、专利 2 项。

（3）团队组建

组建产销差专家委员会并发挥内部专家的作用，参与体系设计、标准与指引的编写、方案的设计。组建来自首创环保集团系统内部业务骨干的专项工作组，负责水表普查、水表管理评价、管网检漏以及 GIS 系统和二次供水调研工作。

（4）能力建设

质控中心建设：已完成材料中心、计量中心、阀门中心建设工作。材料中心可检测供水中常用的各类材料、多个参数，阀门中心可检测常用阀门的 5 个核心参数指标，实现管理前移。

管网运营实训基地建设：通过将作业场景多样化、系统化再现，旨在为一线人员提供一个集聚探漏培训、抢维修实训、管网附属设备认知、单体设备测试及漏失可视化分析五位一体的综合性管网实训场地。

（5）措施落地

开展了水表普查、水表管理评价、管网运维专项、GIS 专项、水平衡管理工具应用等工作，使控制产销差的具体措施得到落地执行。

水表普查以问题为导向直触一线；水表管理评价以过程为导向，重点关注制度的完善性、合理性与执行情况；管网运维专项通过对业务进行全面盘点，形成事项清单并重点推进；GIS专项，通过对存量项目GIS系统及二次加压调蓄设施建设、管理、运行、维护及应用深入调研、分析，总结存在的问题，并梳理形成GIS系统、二次加压调蓄设施平台等建设标准及后期运营维护管理要求。

建立了产销差管理评价系统，通过管理评价系统，将科学的管理体系传递给项目公司管理层，引导项目公司通过自身的管理完善与提升来加强产销差的管理工作。与此同时，进一步明晰项目公司的需求和下一步的工作计划。

2. 实施中发现问题的整改落实

第一，通过供水管网漏损控制体系的构建实施，发现当前存在的问题：一是管理体系缺位；二是知识能力不足，主要是业务知识与管理能力欠缺；三是支撑机制待完善，主要是制度、流程、机制需完善。

第二，解决思路仍然是通过体系建设来解决管理体系缺位的问题，通过强化教育培训考核力度，解决业务知识与管理能力欠缺的问题，通过管控体系的不断完善解决支撑机制问题。

第三，各主要公司按专项工作实施要求，积极组织了整改落实。

（1）淮南首创

水表普查方面，抄表队伍调整，与考核制度完善；问题表更换3443块，清缴补收水量36.39万m^3；开展内部普查；基础设施改造。

水表管理评价方面，完善管理制度；强化水表检定、选型与后评价。

管网检漏方面，激励机制变更；开展数据分析；强化分区管理。

（2）徐州首创

水表普查方面，加强水表台账管理；水表选型优化；重新划分抄表区域，完善考核办法；完善制度执行；加强远传表管理。

水表管理评价方面，成立水表计量中心，制定《水表管理办法》，严格执行新表首检；开展内部水表普查；启用报装系统；加大水表周检更换力度。

（3）铜陵首创

水表普查方面，成立水表管理中心；执行三级周检计划，加大旧表更换力度；完善流程与台账管理。

水表管理评价方面，成立水表管理中心；制定水表运行管理办法，完善管理制度与台账。

管网检漏方面，增加检漏人员；增加检漏设备；优化激励制度。

9.3.4 淮南首创供水管网漏损控制实践案例

1. 企业基本情况

淮南首创水务有限责任公司成立于2004年12月23日，是首创环保集团控股子公司，也是首创环保集团旗下率先完成供排水一体化的企业。公司注册资本 1.8 亿元，水处理能力近百万立方米（含在建、统管、委托运营），污泥处置能力 300m^3/d（含在建）。截至 2020 年底，公司总资产 15.14 亿元，在职员工 798 人。

淮南首创拥有 6 座净水厂，日供水量约 25 万 m^3/d，结算水表约 55.9 万块，2020 年全年总供水量达到 9171 万 m^3。

淮南首创 *DN*75 以上供水管网总长约 1600km，年平均抢维修次数约 1000 余次。其中，PE 管材占比管网总长度约 40%，PE 管材平均抢维修次数占比总抢维修次数约 60%。从口径分布看，*DN*100～*DN*300 口径抢维修占比约 60%，*DN* 75～*DN*100 口径抢维修占比约 38%，单位管长抢维修费用约 0.48 万元 /（a·km）。

2. 已开展的主要工作

（1）水平衡分析

客观的产销差评估分析是开展产销差管理的基础性工作，而水平衡表的建立是了解无收益水量组成占比的有效方式。根据水平衡表分析情况，从控制漏物理损量和账面漏损两个出发点，开展了一系列的日常工作和专项技改工作。

（2）物理漏损控制

① 压力管理为降低管网物理漏损的重要手段之一，分别体现在降低漏损量与降低爆管频率上。淮南首创的日常调度方案中已经考虑到这一点，采取夜间降压的供水调度，且通过参考最不利点进行调度。

对于供水区域单个区域的压力控制点，2019 年对机床新村、学府春天和翰林华府小区完成了控压测试评估工作。2020 年根据 DMA 管控的爆管数据及实践经验，对银鹭安居苑小区、山南印象小区、广弘城小区的供水压力进行了合理调整，降压区域居民正常用水的同时，管网的维修频率明显下降。

② 限制管网抢维修时间，提高管网抢修工作效率。

③ 管材与施工质量

1）管材选型：自 2019 年开始，淮南首创使用管材采供通过股份集采进行，在管材方面选取的均是国内一线品牌。

2）施工质量管控：对于施工质量把控贯穿于项目的设计期至验收期。项目开工前工程部审查批准施工单位报送的施工组织设计或专项施工方案。工程施工中采取定期、专项巡检等形式对施工工序和过程的质量进行检查。实行工程三级管理程序。一级管理，由新源安装公司管理人员对施工现场进行直接管理；二级管理，淮南首创工程部人员对项目进行过程监管；三级管理，工程口分管领导及部门负责人对施工现场进行不定期督查。施工质量主要控制事项为土方开挖、支护与回填、管道基础、管道及附件安装、支墩浇筑、示踪带铺设、管道保温、管道支架安装、管道防腐、试压消毒与冲洗等。对于重要的隐蔽工程，工程管理部组织有关单位进行工程质量检查，质量合格后方可进入下一步工序。工程必须经施工单位自评合格后方可报请建设单位进行竣工验收，工程质量满足设计要求及国家相关规范规定后方能通过验收。

3）管网改造：针对管龄高、故障率高、管材质量差的管道有计划的进行改造改造；

对于阀门这一重要管网附件建立台账，定期维护，重要坏损阀门经行改造更换。

④ 主动查漏

1）加强查漏主动性：制定年度检漏计划，采用有效地激励手段。2020 年共计发现 747 个漏点，总计节水约 2555m^3/h。

2）借助外界第三方捡漏：2019 年和 2020 年邀请第三方专业探测服务有限公司专业查漏公司针对淮南市城区供水干管管网开展测漏工作，其中 2020 年开挖确认有效漏水点 37 处，减少漏量 382m^3/h。

3）使用 DMA 分区管理：淮南首创从 2019 年开始逐步拓展 DMA 管理工作，逐年对目前存量的 260 处小区总表进行技改安装、更换，截至 2020 年，总计改造总表 97 只，落实 DMA 分区 92 个，做到管控小区夜间流量变化后查漏维修部门立即响应。2020 年经过 DMA 小区分区管控，共计发现问题 70 处，经数据统计维修前后水量累计下降 1223m^3/h。

（3）账面漏损控制

① 水表选型管理：淮南首创水表的采购参照首创环保集团颁布的《水表选购及维护管理指南》执行，自 2019 年水表采购通过公司集采的方式进行，有较完备的水表选型策略。

② 周期换表：有计划、有针对性地对超期服役的大口径及非居民用水性质水表和成片区的超期服役的生活用水的居民水表进行周检换表，并检测评估。

③ 水表生命周期管理。

1）抄表开账管理：抄表管理为三级复核，分别为营销部内部复核，营销办针对册本开账进行复核，公司督察办放置督查卡。淮南首创自 2020 年启动使用手机抄表进行抄表的工作，有助于提升抄表效率与抄表质量的提升。

2）远传小表管理：目前淮南首创远传表的使用量约占总用户量的 25%。目前对于小表远传的管理为两个层级的管理：一是每年把远传水表复核作为一项专项工作列入年度工作计划，每年两次对在线远传水表进行复核，2020 年通过远传水表复核工作找回水量达到 38 万 t；二是每月对远传水表的开账情况进行线上审核，评估远传抄读数据与实际应开数据的差异。

3）远传大表管理：统一远传大表管理平台，利用大表远传系统对重点用户水量变化情况进行监控，制定《大口径水表远传监控和集抄管理办法》。

4）“0”水量管理：针对大量的“0”吨水用户，开展了“0”吨水五个专项的清理工作，包括：丢失表位查找、压埋水表清理、已验收未立户查找、远传水表复查和“0”吨水用户排查。

④ 稽查管理：

1）建立“宾、餐、洗”基础台账，分季节性质的开展特行用户核查工作。

2）建立偷盗水举报奖励办法，通过加强宣传增强广大用户对偷盗水行为的认知，并按照举报奖励文件制度及财务要求对有效信息奖励发放及结案归档。

3）建立警企合作，与老龙眼派出所、田东派出所、国庆街道派出所等创建警企共建工作联动。

4）保卫稽查部门负责核查经营性用水情况；对新户验收、用水性质更改现场核实，对不符合新户验收标准的责令整改；用水性质不符的不予更改，并建立台账定期回看制度。

5）建立失信用户档案管理，对于不按照供水合同、章程用水的（记录处理案件发生时间、地址、发生原因及性质及处理意见）依法暂停用水并建立档案，停止办理失信用户开户或过户等业务，直至信用恢复合规用水；并每年对照前三年的失信用户名单重点巡查。

6）对擅自拆除、改装、偷盗、损坏等各类破坏供水设施的行为进行第三方损坏赔偿。

7）打击偷盗无表市政消火栓，规范公共用水市场；对无表消防栓进行封签悬挂标识牌管理。

2020 年查处各类不规范用水核补金额 220.64 万元，约合水量 133.7 万 m^3。

3. 淮南首创取得的工作成效

近年来，淮南首创每年都将降低产销差每年都列为公司的重点工作，通过采取诸多措施，使产销差率持续稳定下降，2012 年淮南首创产销差率为 42.75%，截至 2020 年底下降至 24.99%。

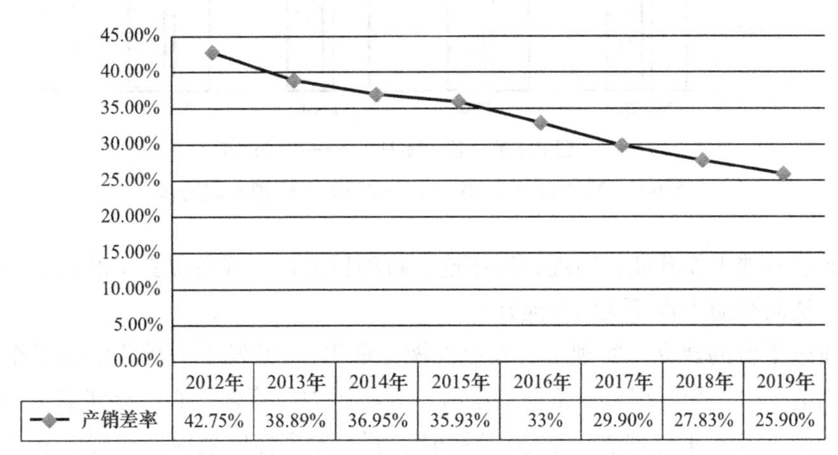

图 9-5 淮南首创年度产销差率变化情况

9.3.5 工作成效

1. 社会经济效益

管网漏损控制体系实施的直接效果即产销差的下降。2017～2019 年，共节约水量约 3120 万 m^3（见表 9-6、图 9-6），按供水公司均价 1.86 元 /m^3 计算，即产生直接经济效益 5800 余万元。2017～2019 年三年间系统内供水企业平均吨水电耗为 0.263kWh，即实现节电 820 万 kWh，相当于减少排放二氧化碳排放量 817.54 万 kg。

2. 管理效益

（1）建立了清晰的管控路径、目标与完整体系，确保管理更为科学、透明；

（2）建立了企业级的管理 / 技术指引，对于各项目公司的日常管理实现有据可依；

（3）建立了完整的评价体系，对于管理实现有据必依；

首创环保集团2016～2019年产销差率对比 表9-6

年份（年）	2016	2017	2018	2019
供水量（万m^3）	79592.04	83265.55	105671.4	116956.28
售水量（万m^3）	65115.85	70095.24	89334.2	99643.58
产销差率	18.19%	15.82%	15.46%	14.80%
降幅	—	2.37%	0.36%	0.66%

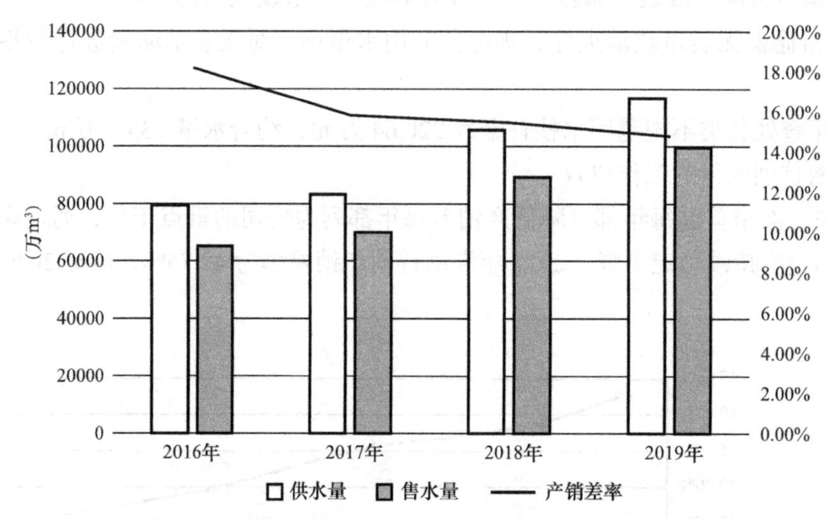

图 9-6　首创环保集团 2016～2019 年产销差趋势图

（4）通过专项工作开展，实现管理穿透，将项目公司一线情况真实准确地反映到公司的管理层，从而有助于管理反思与提升；

（5）通过平台的建立，实现了“专业人做专业事”，激发了一线队伍的工作激情，为一线员工创造了另一个实现自我价值的平台，并将压力与管理决心传导到基层一线；打破管理边界，引入业务审计理念；创造“赛马机制”，发挥协同效应，实现上下一体；在发现问题的同时解决问题，并培训当地队伍，真正实现“授之以渔”。

总体来看，通过近几年的努力，首创环保集团供水管网漏损控制管控体系的构建与实施初见成效，建立起了一套完整的工作体系与方法论，形成了稳态的工作成果和可固化推广的工作方法，开发了具有自主知识产权的产品，组建了一支能力突出的专业团队，在供水企业中形成了一定的影响力，取得了良好的经济效益，并为进一步完善和提升奠定了良好基础。

参考文献

［1］ 韩阳. 既有供水管网系统泄漏识别方法研究［D］. 大连：大连理工大学，2018.

［2］ 中华人民共和国住房和城乡建设部. 中国城乡建设统计年鉴［R］，2017.

［3］ 大卫·皮尔逊. IWA管网漏损术语的标准定义［R］. 国际水协会中国漏损控制专家委员译. 伦敦：国际水协会出版社，2020.

［4］ 住房和城乡建设部. 城镇供水管网漏损控制及评定标准 CJJ 92—2016［S］. 北京：中国建筑工业出版社，2017.

［5］（英）斯图尔特·汉密尔顿，（南非）罗尼·麦肯齐. 供水管理与漏损控制［M］. 国际水协会中国漏损控制专家委员会译. 北京：中国建筑工业出版社，2017.

［6］（英）法利. 无收益水量管理手册［M］. 侯煜堃等译. 上海：同济大学出版社，2011.

［7］ 住房和城乡建设部. 自动化仪表工程施工及质量验收规范 GB 50093—2013［S］. 北京：中国计划出版社，2013.

［8］ 住房和城乡建设部. 城镇供水管网漏水探测技术规程 CJJ 159—2011［S］. 北京：中国建筑工业出版社，2011.

［9］ 国家市场监督管理总局，国家标准化管理委员会. 饮用冷水水表和热水水表 GB/T 778.1～3—2018［S］. 北京：中国标准出版社，2018.

［10］ 工业和信息化部. 电磁流量计 JB/T 9248—2015［S］. 北京：机械工业出版社，2016.

［11］ 住房和城乡建设部. 超声波水表 CJ/T 434—2013［S］. 北京：中国标准出版社，2013.

［12］ 陈国扬，陶涛，沈建鑫. 供水管网漏损控制［M］. 北京：中国建筑工业出版社，2017.